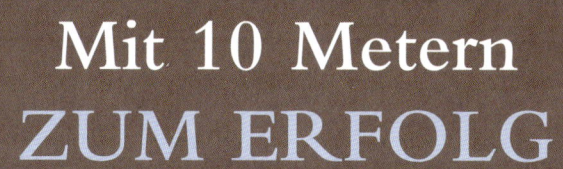

Mit 10 Metern
ZUM ERFOLG

Mit 10 Metern
ZUM ERFOLG

Schleppleinentraining – so geht's

von Monika Gutmann

Für Dino und Hudson

Impressum

Copyright © 2008 by Cadmos Verlag GmbH, Brunsbek
Gestaltung und Satz: Ravenstein + Partner, Verden
Titelfoto: JBTierfoto
Fotos: JBTierfoto, falls nicht anders angegeben
Lektorat: Dorothee Dahl
Druck: LVDM, Linz

Printed in Austria
ISBN 978-3-86127-802-3

Inhalt

Einleitung 8

Was ist Schleppleinentraining? 9

Mit zehn Metern zum Erfolg 9

Das Wichtigste vorab: Wie lernt der Hund? . . . 11

Klassische Konditionierung: Der Hund sabbert, wenn die Glocke klingelt 11

Operante Konditionierung: Hunde, die rückwärtslaufen können 12

Schnelligkeit ist gefragt 14

Hunde lernen umweltbezogen und verallgemeinern schlecht 15

Handeln Sie variabel 15

Gedanken zum Thema Strafe 15

**Belohnung – der Gehaltsscheck
für Ihren Hund** 18

Warum belohnen? 19

Was ist der Unterschied zwischen Belohnen und Locken? 20

Wann belohnen? 21

Womit belohnen? 21

**Aufbau eines Signals –
Beispielübung Sitz** 24

Vokabeln lernen 25

Festigung der Übung 31

**Die Schleppleine und anderes
Zubehör für das Training** 33

Geschirr 33

Schleppleine 35

Für Welpen und kleine Hunde 35

Für größere Junghunde und erwachsene Hunde 35

Warum keine Aufrollleine? 36

Leckerchenbeutel 37

Vorbereitendes Training 38

Orientierungstraining 40

Trainingsplan Orientierungsübungen 42

Ablenkungsstufen – Trainingsdauer 42

Mögliche Probleme und Lösungen 43

Schleppleinentraining im Alltag 44

Spaziergänge mit dem Welpen und Junghund 45

Spaziergänge mit älteren Hunden 47

Aufbau des Rückrufs 47

Vokabeln lernen 48

Verlängerung des Wartens 51

Zusammenfassung – Trainingsaufbau Rückruf 52

Langsamer werden oder Stopp – den Radius einhalten 53

Vokabeln lernen 54

Aufbautraining 56

Schleppleinentraining in der Gruppe – freies Feld 57

Stuhlkreis 58

Schleppleinentraining bei Aggressionsproblemen 59

Gefühle verändern 60

Orientierungstraining für aggressive Hunde 62

Inhalt

Ablenkungsstufen – Trainingsdauer 62

    Mögliche Probleme und Lösungen 64

Ablenkung steigern/Abstand verringern 65

Parallel laufen 66

Direktes Entgegenkommen 70

Wichtige Hinweise 72

Begleitendes Training 73

Das Namenspiel 73

Impulskontrolle – Warten lernen 76

    Übung an der Tür 78

    Warten, bis der Hund gerufen wird 80

Wie werde ich die Schleppleine wieder los? . . . 83

Abbau der Schleppleine 84

Zusammenfassung – Trainingsplan Schleppleinenabbau 85

Clickertraining 86

Basics 87

Verschiedene Übungen 89

    „Futterautomat" 89

    Anschauen auf Signal 89

Zum guten Schluss – Danke! 92

Nützliche und interessante Adressen 93

Register 94

Gemeinsam endlich entspannte Spaziergänge. Mit einer Zehn-Meter-Leine entsteht so wieder mehr Lebensqualität für Mensch und Hund.

Einleitung

Sie haben einen Hund, der ohne Leine nicht zu Ihnen zurückkommt, der ohne Leine macht, was er will, der Sie draußen komplett ignoriert und alles andere spannender findet als seinen Menschen?

Solche Hunde verbringen häufig ihr Leben an einer zu kurzen Zwei-Meter-Leine oder an einer Flexileine. Freilauf auf Wiesen und Feldern ist ihnen nicht vergönnt, weil sie nie gelernt haben, auf ihre Menschen zu achten und auf Ruf oder Pfiff zurückzukommen. Hat man einen solchen Hund, bekommt man häufig den Rat, doch Schleppleinentraining zu machen. Allerdings scheitern schon viele Hundehalter in der ersten Woche. Kaum jemand kann ihnen erklären, wie Schleppleinentraining

funktioniert. Einfach eine Zehn-Meter-Leine an den Hund zu haken, damit ist es nicht getan. Der Frust steigt, wenn man das Handling der langen Leine nicht hinbekommt. Man verheddert sich dauernd in dieser langen Leine oder holt sich fürchterliche Brandblasen an Händen oder Beinen oder liegt zum wiederholten Mal auf dem Hosenboden. Schlussendlich wirft man die lange Leine frustriert in die Ecke und lässt den Hund dann doch immer nur im Garten frei laufen.

Was ist Schleppleinentraining?

Mit einem gut aufgebauten und durchdachten Schleppleinentraining, Geduld und Konsequenz können Sie für sich und Ihren Hund wieder eine gute Bindung herstellen, die Aufmerksamkeit Ihres Hundes besser auf sich lenken, Ihr Hund wird wieder ansprechbar und vor allem einen sicheren Rückruf aufbauen.

Mit zehn Metern zum Erfolg

Schleppleinentraining ist eine sichere Möglichkeit, den Hund fast fehlerfrei lernen zu lassen. Hier liegt die Betonung auf „eine Möglichkeit". Es gibt viele Möglichkeiten, mit einem Hund zu arbeiten – wir wollen hier nicht die einzig selig machende „Erziehungsmethode" propagieren. Doch die Zehn-Meter-Leine ist für viele Hunde und ihre Menschen wieder ein Stück mehr Lebensqualität, weil man gemeinsam stressfrei spazieren gehen kann. Schleppleinentraining fördert beim Menschen die Beobachtungsgabe für seinen Hund.

Diese Art Training ist allerdings nichts für Menschen, die ein Hundeproblem, das sich über Jahre eingeschliffen und gefestigt hat, innerhalb von zwei Wochen „wegkuriert" haben wollen. Lernen findet immer statt – auch das Lernen von für den Menschen unangenehmen Dingen. Bisher hat Ihr Hund im Do-it-yourself-Verfahren gelernt, dass es für ihn lohnenswerter ist, die Nase im Mauseloch zu haben, als auf Ihren Ruf zu hören. In diesem Buch ist das Training ausschließlich mittels positiver Verstärkung beschrieben, weil es die effektivste und nachhaltigste Technik ist, Verhalten zu verändern und zu formen. Mehr zum Lernverhalten bei Hunden erfahren Sie im Kapitel - Das Wichtigste vorab: Wie lernt der Hund?.

Es ist selbstverständlich für Menschen, von Kindesbeinen an „banale" Dinge wie das Essen mit Messer und Gabel zu lernen. Das jahrelange tägliche Wiederholen lässt uns diese Fertigkeit entwickeln. Niemand käme auf die Idee, diese gesellschaftliche Selbstverständlichkeit einem neugierigen Kleinkind einzuprügeln – es wird spielerisch jeden Tag geübt und verfeinert. Lernen am Erfolg ist das Zauberwort. Gelerntes muss oft wiederholt und verbessert werden, damit unser „Muskelgedächtnis" richtig funktioniert – und häufig funktioniert das auch nicht so, wie wir gerne möchten, wenn uns das Talent, die genetischen Voraussetzungen oder die Motivation dazu fehlen. Sie fragen sich, was genetische Voraussetzungen mit Lernen zu tun haben? Sehr viel! Wenn wir alle gleich wären, hätten wir alle dieselben Fähigkeiten. Es gäbe vielleicht kein Kind mehr mit Lernschwäche, keinen Menschen, der nicht genauso gut im Schachspielen wäre wie im 100-Meter-Lauf, und niemand müsste vor Erbkrankheiten Angst haben. Leider sagen unsere Gene etwas anderes: Einige Menschen haben zum Beispiel „langsame" Muskeln und können sich noch so abmühen und trainieren, sie werden niemals gute Sprinter werden. Würden es diese Menschen allerdings einmal mit Langstreckenlauf versuchen, hätten sie den Erfolg auf ihrer Seite. Kein Mensch gleicht dem anderen – das gilt ebenfalls für Ihren Hund. Es gibt Hunde, die lernen schnell, die anderen brauchen ihre Zeit, und bei einigen scheint es gar nicht voranzugehen.

Sie können von Ihrem Hund nicht etwas erwarten, was Sie ihm nicht beigebracht haben und was nicht seiner Veranlagung entspricht. Ein Herdenschutzhund beispielsweise wird sich dreimal überlegen, ob ein gegebenes Hörzeichen Sinn macht. Er wird seiner Rasse entsprechend im Trabtempo

zu Ihnen kommen. Ein Border Collie dagegen dreht sich stehenden Fußes auf den Hinterläufen um und kommt zu Ihnen gerast. Diese Dinge sollten Sie unbedingt beachten, wenn Sie mit Ihrem Hund trainieren.

Als gelernt betrachte ich das Verhalten, das mein Hund auch dann ausführt, wenn ich in den unmöglichsten Positionen vor ihm stehe. Um ihn herum geht möglicherweise die Welt unter, aber ich erwarte ein Sitz von ihm und er befolgt es.

Mit diesem Buch können Sie Punkt für Punkt einem Trainingsplan folgen, erhalten wichtige Informationen über die grundlegenden Lerngesetze und eine kleine Einführung ins Clickertraining.

Jetzt aber los! Train – don't complain! (Üben – nicht meckern!)

Die Glocke hat für den Hund vorher noch keine Bedeutung. Wenn man aber oft genug läutet, während man den Hund füttert, löst das Läuten einen Reflex aus: Der Hund speichelt stark, sobald er die Glocke hört.

Das Wichtigste vorab:
Wie lernt der Hund?

Bevor wir mit einem sinnvollen Training anfangen können, müssen wir uns noch ein wenig mit der Theorie auseinandersetzen. Wie beim Führerschein: Neben den praktischen Fertigkeiten müssen Sie auch die Regeln im Straßenverkehr kennenlernen. Dabei gilt: Die grundlegenden Lerngesetze sind für jedes Wirbeltier mit Gehirn gleich.

Klassische Konditionierung: Der Hund sabbert, wenn die Glocke klingelt

Beginnen wir mit der klassischen Konditionierung. Der russische Mediziner Iwan P. Pawlow hat dies zufällig entdeckt. Er stellte fest, dass schon allein der Anblick von Futter den Speichelfluss (Reflex) auslöst. Koppelt man den Auslöser des Reflexes (Speichelfluss) mit einem anderen Reiz – hier Glockenläuten –, so löst nach genügend häufigen Wiederholungen der Reiz allein das Speicheln aus.

Wenn die Glocke klingelt, sabbert der Hund, obwohl kein Futter in der Nähe ist.

Vereinfacht heißt das: Ein vorher neutraler Reiz bekommt eine Bedeutung – es wird allerdings kein neues Verhalten gelernt. Wir kennen das alle aus alltäglichen Situationen: Wer unangenehme Erfahrungen gemacht hat beim Zahnarzt, dem reicht schon allein das Geräusch eines Zahnarztbohrers aus, um Gänsehaut und Angst zu bekommen. Wer viel am Computer arbeitet, weiß, dass ein bestimmtes akustisches Signal eine neue E-Mail ankündigt. Es gibt so viele Dinge, die wir unbewusst „lernen" und mit Gefühlen verknüpfen, ohne dass wir etwas dagegen tun könnten. Das ist gerade das Problem der klassischen Konditionierung: Wir haben sie nicht unter Kontrolle und können sie somit auch nur schwer steuern. Ein Beispiel für klassische Konditionierung bei Hunden ist ganz einfach die Türklingel. Wir haben unseren Hunden nie bewusst beigebracht, dass sie bellen müssen, wenn es an der Tür klingelt, und schon gar nicht, dass sie beim Läuten zur Tür rennen sollen. Anfangs, wenn der Hund noch nicht verstanden hat, was nach dem Klingeln folgt, wird er vielleicht nur mit zur Tür laufen (hier lernt der Hund schon, dass es nach dem Geräusch zur Tür geht). An der Tür versucht man dann noch, seiner irgendwie Herr zu werden. Viele Besucher finden es ja auch niedlich, wenn einem ein Welpe entgegentapst. Heißt also für den Hund: Klingeln = an der Tür ist Spaß angesagt. Oft genug wiederholt – mit der Entwicklung kommt noch ein Bellen hinzu –, haben wir dem Hund unbewusst

beigebracht, dass Klingeln = Bellen ist. Genauso funktioniert das mit der Leine, die wir vom Haken nehmen, wenn wir spazieren gehen wollen und der Hund fängt an zu toben. Sie kennen sicherlich noch mehr Beispiele für Ihren Hund.

Zusammenfassung:
- Bei klassischer Konditionierung wird ein Reiz gelernt – kein Verhalten!
- Klassische Konditionierung passiert immer, es ist kein bewusstes Lernen.
- Klassische Konditionierung ist schwierig bis gar nicht zu steuern.

Operante Konditionierung: Hunde, die rückwärtslaufen können

Bei der klassischen Konditionierung wird also kein neues Verhalten gelernt. Wie kommt es dann, dass Hunde Kunststücke vollführen und dabei sogar rückwärtslaufen oder einfach lernen, an der Leine zu gehen? Das lässt sich durch operante Konditionierung erklären. Beim operanten Konditionieren geht es um Lernen durch Versuch und Irrtum. Es lässt keine unmittelbaren Auslöser erkennen, bewirkt aber eine Reaktion in der Umwelt. Hier sollten Sie sich den Satz merken: Verhalten wird durch seine Konsequenz bestimmt. Wir haben die ganze Zeit über Verhalten gesprochen: Was ist denn Verhalten? Verhalten ist, grob gesagt, alles, was wir tun. Auch Sitzen, Liegen, Stehen und Laufen sind Verhaltensweisen. Unsere Hunde können das natürlich auch und noch viel mehr. Allerdings beherrschen Sie immer nur Verhaltensweisen, die auch zu

ihrem natürlichen Verhaltensrepertoire gehören und körperlich möglich sind. Diese Erkenntnisse hat Burrhus Frederic Skinner, schon in den Zwanzigerjahren an Tauben, Ratten und anderen Tieren erforscht. Er hat den Begriff der operanten Konditionierung geprägt.

Was passiert beim operanten Konditionieren? Will man einem Hund eine neue Verhaltensweise auf Signal beibringen, so hat man zwei Möglichkeiten: Verstärker oder Strafen. Verstärker sind Dinge (Stimuli), die nach einem Verhalten die Häufigkeit des gezeigten Verhaltens erhöhen: Der Hund setzt sich hin und bekommt ein Leckerchen. Strafe ist dementsprechend das Gegenteil: Der Hund bellt und bekommt einen Klaps auf die Nase. Es gibt zwei

Arten von Verstärkern und zwei Arten von Strafen. Sehen Sie bitte die Bezeichnungen „positiv" und „negativ" im mathematischen Sinne: positiv = etwas hinzufügen, negativ = etwas wegnehmen; sie sind nicht als „gut" und „schlecht" anzusehen.

Positive Verstärkung: Etwas Angenehmes wird nach dem Verhalten hinzugefügt. Die Häufigkeit des Verhaltens steigt, wenn eine positive Konsequenz folgt. Wenn der Hund zu mir kommt und ein Leckerchen oder Streicheleinheiten erhält, wird er öfter zu mir kommen.

Negative Verstärkung: Dabei wird etwas Unangenehmes entfernt. Es gibt zum Beispiel Menschen, die dem Hund das Sitzen mittels Leinenwürgen beibringen. Sie ziehen so lange an der am Halsband

Positives Arbeiten bedeutet Spaß, Entspannung und Vertrauen für Hund wie Mensch. Das Gehirn lernt entspannt und fröhlich am effektivsten.

befestigten Leine nach oben, bis sich der Hund hinsetzt. Sofort wird die Leine lockergelassen, für den Hund ist das Durchatmen dann Belohnung genug. Eine Methode, die weder hundefreundlich noch sinnvoll ist: Durch negative Verstärkung wird das Vermeidungslernen gefördert. Spaß am Lernen ist so nicht gegeben. Dies macht eine Arbeit mit dem Hund auf Entfernung nahezu unmöglich.

Positive Bestrafung: Hier wird wieder etwas hinzugefügt – etwas Unangenehmes. Bellt mein Hund, kann ich ihn unterbrechen, indem ich ihm einen Klaps auf die Schnauze gebe. Ich habe etwas Unangenehmes hinzugefügt.

Negative Bestrafung/Bestrafung durch Entzug angenehmer Dinge: Was kann ich meinem Hund wegnehmen, was für ihn angenehm ist? Seinen Ball, meine Anwesenheit, Sozialkontakt. Springt mein Hund an mir herum, drehe ich mich weg und warte, bis er sich ordentlich benimmt. Hat er alle vier Pfoten auf dem Boden, bekommt er seine Streicheleinheiten. Mit diesem Beispiel habe ich Ihnen auch gleich erklärt, wie operantes Lernen funktioniert: Das eine Verhalten bringt den Hund zu keinem Erfolg, weil er kein Feedback vom Menschen erhält. Dafür erhält der Hund direkt das, was er wollte, wenn er mit allen Pfoten auf dem Boden ist (positive Verstärkung) – meine Zuwendung.

Was sind Verstärker? Es gibt zwei Arten von Verstärkern: primäre und sekundäre. Primäre Verstärker befriedigen biologische Bedürfnisse wie beispielsweise Futter oder Sozialkontakt. Sekundäre Verstärker entstehen durch Koppelung (zum Beispiel mittels klassischer Konditionierung) mit primären Verstärkern – der „Klick" beim Clickertraining (siehe Kapitel „Clickertraining") = Futter für den Hund. Geld ist ein sekundärer Verstärker für uns Menschen. Sekundäre Verstärker sind wesentlich einfacher und präziser einzusetzen als primäre Verstärker.

Unsere Trainingsweise im Buch wird sich nur auf positive Verstärkung und negative Bestrafung/Ignorieren stützen.

Schnelligkeit ist gefragt

Wenn Sie nun Ihren Hund für eine gute Leistung belohnen wollen, wie etwa für die Übung Sitz, dann müssen Sie erstens verdammt schnell sein und zweitens muss die Belohnung dem Hund angepasst sein. Schnell heißt wirklich schnell: 0,5 Sekunden sind die ideale Zeit, damit der Hund das Futter mit seinem Tun verknüpfen kann. Deshalb erleichtert das Arbeiten mit einem sekundären Verstärker (beispielsweise dem Clicker) die Kommunikation zwischen Mensch und Hund enorm. Das Thema Belohnung habe ich noch einmal speziell im Kapitel „Belohnung – der Gehaltsscheck für Ihren Hund" erklärt.

Was also für Sie heißt, dass Sie extrem schnell das Leckerchen füttern, den Ball werfen oder loben müssen. Fünf Sekunden später, wenn Ihr Hund wieder aufgestanden ist, bringt Ihnen das Loben für das Sitzen nichts mehr. Dann loben Sie Ihren Hund zum Beispiel für das Aufstehen und nicht für das Sitzen. Häufig geben Menschen ihrem Hund sehr verspätet das Leckerchen. Auf die Frage, warum der Hund für das Herumstehen etwas bekommen hat, erhalte ich oft Antworten wie diese: „Aber Bello hat doch vorhin so schön gewartet. Dafür war das." Wenn ich als Trainerin/Beobachterin nicht weiß, warum der Hund ein Leckerchen bekommen hat, woher soll das der Hund dann wissen?

Hunde lernen umweltbezogen und verallgemeinern schlecht

Ich höre sehr häufig von Welpenbesitzern, die mir im Erstkontakt erzählen, was ihr Hund schon alles kann: „Sitzen kann er schon perfekt, er kommt auch schon und Platz ist überhaupt kein Problem. Eigentlich will ich nur, dass mein Hund mit anderen Hunden spielt." Die Wirklichkeit sieht allerdings dann doch anders aus. Der Superwelpe entpuppt sich als „Normalo" und ist nicht wirklich in der Lage, sich überall in die gewünschte Position zu begeben. Woran liegt das? Garantiert nicht an dem sturen Hund oder dem ungehorsamen Welpen. Hunde lernen umweltbezogen. Was sie im Wohnzimmer können, können sie noch lange nicht draußen auf verschiedenen Untergründen und verschiedenen Ablenkungsstufen. Was schlussfolgernd für Sie heißt: Üben Sie zu jeder Tages- und Nachtzeit, an jedem Ort, auf jedem Untergrund, zu vielen verschiedenen Ablenkungsstufen. Am einfachsten beginnen Sie mit wenig Ablenkung und steigern diese kontinuierlich. Wie man ein Signal sinnvoll aufbaut, finden Sie im entsprechenden Kapitel.

immer mit einem Leckerchen belohnt, beginnen Sie nun, nur noch jedes zweite Sitz mit einem Leckerchen zu bestätigen. Ihr Hund darf am Schluss nicht wissen, ob und was er zur Belohnung bekommt. Sie müssen in „Belohnungsfragen" für Ihren Liebling unvorhersehbar und somit immer interessant erscheinen. Was und wie Sie Belohnungen einsetzen können, finden Sie im Kapitel „Belohnungen – der Gehaltsscheck für Ihren Hund".

> **Zusammenfassung:**
> - Operantes Konditionieren ist Lernen durch Versuch und Irrtum.
> - Verhalten wird durch seine Konsequenz bestimmt.
> - Verhalten, das eine positive Konsequenz erfährt, wird öfter gezeigt.
> - Hunde lernen umweltbezogen.
> - Hunde verallgemeinern schlecht.
> - Verstärken Sie erst jedes erwünschte Verhalten.
> - Verstärken Sie zum Schluss nur noch variabel.

Handeln Sie variabel

Damit sich ein Verhalten richtig festigen kann, müssen Sie anfangen, den Hund nur noch unvorhergesehen zu belohnen. Stellen Sie sich vor, Sie sind für Ihren Hund so etwas wie ein einarmiger Bandit im Spielkasino. Man weiß nie, wann und wie viel man gewinnt oder ob man nicht sogar den Jackpot knacken kann. Hat Ihr Hund gelernt, etwas zu tun, zum Beispiel Sitz, und Sie haben ihn bisher

Gedanken zum Thema Strafe

Wenn wir uns „Strafe" unter Hunden einmal anschauen, dann findet dieses Erziehungsmittel lediglich im sozialen Bereich Anwendung: zum Beispiel Drohschnappen nach mehrmaligem Warnen durch die Mutterhündin bei Welpen, wenn es um Individualdistanz oder Ressourcen geht. Ein Hund, der von einer Schlange gebissen wird, wird für seine forsche Art „bestraft" – er weiß in Zukunft, dass gewisse Tiere zu Aggression neigen: Lernen für das Leben, um zu überleben.

Hunde bringen sich allerdings nicht das Sitzen oder Zurückkommen auf Signal bei. Deshalb gibt es in meinen Augen keinerlei Rechtfertigung, einen Hund für das Erlernen, Festigen und Abrufen einer Verhaltensweise, die für das Zusammenleben mit einem Menschen erforderlich ist, aggressiv oder gar mit Schmerzen zu behandeln.

Bei der „positiven" Bestrafung füge ich meinem Hund etwas Unangenehmes zu, beispielsweise einen Leinenruck.

Über letztere Bestrafungsmethode möchte ich noch ein paar klärende Worte verlieren – damit Sie verstehen, warum wir diese Art der Bestrafung ablehnen.

1. Strafe muss sofort beim ersten Versuch erfolgen. Was für Sie bedeutet, genauso wie beim Belohnen, dass Sie sofort bei Fehlverhalten Ihren Hund bestrafen müssen. Tun Sie das nicht, erkennt Ihr Hund nicht, wofür er bestraft wurde. Hat er bereits mit seinem Tun einmal Erfolg gehabt, lernt er schnell zu unterscheiden, in welchen Situationen eine Strafe zu erwarten ist und wann nicht. Meistens sind Sie als strafende Person anwesend; Ihr Hund wird lernen, dass die unerwünschte Tat (wie zum Beispiel auf die Couch legen) in Ihrer Anwesenheit nicht erlaubt ist. Sind Sie dagegen nicht anwesend, kann Ihr Hund wieder straffrei auf die Couch. Die Strafe war also sinnlos.

2. Strafe muss sofort höchste Strafintensität erreichen. Können Sie Ihren Hund a) sofort und b) so hart strafen, dass er etwas nie wieder tun wird? Bekanntermaßen beginnt Mensch erst mit „zarten" Strafen, an die sich der Hund schnell gewöhnt. Man unterstellt dem Hund dann Boshaftigkeit oder einen

Dickschädel, weil er immer noch unerlaubte Dinge tut. Allmählich steigert man die Strafdosis, aber am Verhalten ändert sich nichts. Die Gewaltspirale dreht sich weiter, der Hund wird als unerziehbar abgestempelt. Vielleicht beißt der Hund auch irgendwann, weil er den Sinn der Erziehungsmaßnahme nicht versteht. Wenn Sie ein Fehlverhalten mehr als zweimal bestrafen müssen, kommt Ihre Strafe nicht als solche bei Ihrem Hund an.

3. Strafe muss immer bei demselben Fehlverhalten erfolgen. Sie müssen also hundertprozentig garantieren können, dass Sie immer dieselbe Situation bestrafen können. Können Sie das garantieren? Wenn Sie Punkt 2 beachten, brauchten Sie ja nur allerhöchstens ein- bis vielleicht zweimal strafen.

4. Strafe muss für den Hund als Strafe erkenntlich sein. Körperliche Züchtigung erscheint vielen Hunden nicht wirklich als Strafe. Strafe soll einen unangenehmen inneren Zustand herbeiführen, damit der Hund das nächste Mal die Situation, das unerwünschte Verhalten meidet. Wirken Sie körperlich oder auch mittels Wasserpistole, Rappeldose oder Ähnlichem auf Ihren Hund ein, so müssen Sie wissen, ob der Hund das überhaupt als Strafe empfindet. Viele Hunde gewöhnen sich irgendwann an eine solche „Strafe". Damit wäre der Sinn dieser Methodik also auch wieder verfehlt. Ich kenne genügend Hunde, bei denen mittels Sprühhalsband versucht wurde, ihnen etwas abzugewöhnen. Leider vergeblich, da diese Hunde sich am Sprühstoß nicht gestört haben. Da hat man dann viel Geld für einen nutzlosen Gegenstand ausgegeben. Das Geld wäre vielleicht besser in einer guten Hundeschule angelegt gewesen.

5. Strafe unterbricht Handlungen, erzeugt keine neuen Verhaltensweisen. Ihr Hund lernt damit nur, gewisse Situationen zu meiden. Was er aber statt

eines unerwünschten Verhaltens tun soll, sind Sie ihm schuldig.

6. Strafe sollte anonym erfolgen. Auch das wird schwierig, wenn wir Punkt 1 und 2 betrachten. Sie müssten sich schon, bevor Ihr Hund einen Fehler begeht, Apparaturen ausdenken und installieren, damit Ihr Hund erst gar nicht Essen von Tisch oder Arbeitsplatte mitnimmt. So könnten Sie sicherstellen, dass er die Strafe nicht mit Ihnen in Verbindung bringt, und gleich beim ersten Mal strafen. Ob aber die anonyme Strafe hart genug war, dass es Ihren Hund nachhaltig beeindruckt hat, bleibt offen.

Strafe hat allerdings auch Auswirkungen auf den Strafenden: Er steigert sich in das Strafen hinein, merkt nicht, dass er sich dadurch „klassisch konditioniert" und selbst nicht mehr anders kann. Der Strafende sieht die zu belohnenden Dinge nicht mehr und der Bestrafte wird unfähig, auf positive Zuwendung einzugehen.

Sie sehen, wie schwierig es ist, korrekt zu strafen. Deshalb sollten Sie jegliche Form von Gewaltanwendung (auch ein Leinenruck ist Gewaltanwendung) an Ihrem Hund unterlassen. Machen Sie sich Gedanken darüber, was Ihr Hund eigentlich darf. Statt das Risiko von falscher positiver Bestrafung durch schlechtes Timing und Anwendung auf sich zu nehmen, belohnen Sie Ihren Hund für Dinge, die er richtig macht. Es hat bisher noch kein Hund, den ich kenne, durch ein falsch gegebenes Leckerchen einen Schaden davongetragen. Durch falsche Bestrafung allerdings schon.

Ein Beispiel:
Strafe lässt sich nur schwer steuern.

Wir waren mit einem Welpenkurs unterwegs auf einem Gestüt. Dort fließt ein kleiner Mühlbach durch. Am Bach entlang erstreckt sich eine Ziegenweide, die mit Stromdraht gesichert ist. Wir warnen immer wieder, die Welpen nicht an die Zäune heranzulassen, um diese negative Erfahrung zu vermeiden.

Durch eine Unaufmerksamkeit ist ein Welpe direkt am Mühlbach mit dem Ziegenzaun in Berührung gekommen. Der junge Hund hat fürchterlich aufgeschrien und war richtig verstört. Was, glauben Sie, hat der Hund mit dem Stromschlag verknüpft? Den Draht? Nein – er hat im Augenblick der „Bestrafung" den Bach gesehen. Als wir ein weiteres Mal auf dem Gestüt waren, ist der Welpe keinen Schritt in Richtung des Mühlbachs gelaufen. Wir mussten Unmengen toller Leckerchen an den ängstlichen Hund verfüttern, damit er sich wieder langsam an diesen „bösen" Bach annähert und seine Pfoten auch einmal ins Wasser setzt.

Sehen Sie, wie schwer es ist, Strafe so präzise und wirksam zu steuern und anzuwenden, dass der Bestrafte nicht etwas völlig anderes als das von Ihnen vermeintliche „Vergehen" verknüpft? Deshalb: Lassen Sie die Finger weg von sinnloser Gewaltanwendung – sie schadet mehr, als dass sie hilft.

Der Golden Retriever erhält hier eine Belohnung für ein korrekt ausgeführtes Sitz.

Belohnung –
der Gehaltsscheck für Ihren Hund

Es gibt Menschen, die sind der Meinung, dass Hunde nur für die Zuneigung oder gar aus Dankbarkeit „Befehle" ausführen müssen. Das sollte in Ihren Augen reichen. Diese Aussage finde ich sehr vermessen. Hunde suchen genauso ihren Erfolg und Nutzen in ihrem Tun wie Menschen. Wie wird denn der Begriff Belohnung im Allgemeinen definiert:

Als Belohnung wird die Anerkennung einer lobenswerten Tat oder der Lohn oder das Geschenk für eine Gegenleistung bezeichnet. Eine Belohnung ist eine wichtige Motivation, um die Leistungsbereitschaft zu fördern.

(Wikipedia 2007)

Warum belohnen?

Durch Belohnung erfährt der Hund, dass es einen Nutzen für ihn hat, bei seinem Menschen zu sein.

Welchen Grund sollte ein Hund haben, zu Ihnen zurückzukommen, wenn er doch viel mehr Spaß an der gerade ausgeübten Tätigkeit hat (im Mauseloch buddeln)? Wenn Sie langweilig und gereizt sind und das auch noch Ihrem Hund auf 100 Meter Entfernung mitteilen, was sollte Ihren Hund dazu treiben, zu einer missgelaunten Spaßbremse zu laufen? Das sei überspitzt, meinen Sie? Keineswegs! Ich kenne genügend Hunde, die ihr Herrchen und Frauchen draußen ignorieren und sie einfach nicht mehr wahrnehmen. Eben weil diese Herrchen und Frauchen Zweibeiner sind, die ähnlich wie ein Leuchtturm durch Rufen ständig ihre Position und Gemütsverfassung angeben und lieber ihren eigenen Gedanken nachhängen. Es ist nicht selbstverständlich, dass Ihr Hund sich an Sie bindet, nur weil Sie ihm dreimal täglich eine Gassirunde gönnen und morgens und abends ihm das Futter servieren. Bindung mit dem Hund muss Mensch sich erarbeiten – nicht der Hund! Schließlich betrachten wir uns als das „schlauere Tier" von beiden. Dementsprechend sollte unser Hund erwarten können, dass wir uns in seine Welt einfühlen und nicht umgekehrt.

Ändern Sie Ihre Einstellung und erklären Sie Ihrem Hund, dass bei Ihnen etwas Gutes zu holen ist, dass man Mauselöcher auch links liegen lassen und der Mensch draußen genauso interessant sein kann wie in der Wohnung. Sie brechen sich keinen Zacken aus der Krone, wenn Sie Ihren Hund für gut gemachte Dinge auch bezahlen. Schließlich gehen Sie auch für Geld arbeiten. Oder ist Ihr Chef so nett, dass Sie ihm gerne Ihr Gehalt überlassen?

Der Hund sitzt gespannt vor seinem Hundeführer. Der Mensch hat kein Leckerchen in der Hand.

Der Hundeführer greift nun in den Leckerlibeutel, um die Belohnung herauszuholen. Währenddessen sollte der Hund in der erwünschten Position warten.

Der Hund erhält das Leckerchen, während er sich in der Sitzposition befindet.

Auf ein deutliches Signal hin wird die Situation aufgelöst.

Sehen Sie die Belohnungen als „Gehaltsscheck" für Ihren Hund. Damit er auch dann zuverlässig kommt, wenn es irgendwo anders interessanter zu sein scheint – auch wenn Sie mal kein Leckerchen dabeihaben. Mehr zum Lernen bei Hunden finden Sie im Kapitel über „Lerngesetze".

Was ist der Unterschied zwischen Belohnen und Locken?

Beim Belohnen ist während der Übung das Leckerchen nicht in der Hand des Menschen. Da man allerdings beim Aufbau einer neuen Übung immer sehr schnell belohnen muss, ist dabei ein sekundärer Verstärker (Clicker) sehr von Vorteil (siehe Kapitel über Lerngesetze).

Auf diese Weise lernt Ihr Hund wirklich bewusst, Dinge auf Signal auszuführen. Sie kommen auch nicht in Bedrängnis, wenn Sie kein Leckerchen dabeihaben, dass Ihr Hund etwas nicht tut. Ihr Hund hat ja gelernt, auf Ihre weiteren Signale zu warten – auch wenn gerade keine Leckerchen zur Hand sind. Dafür gibt's dann später wieder etwas. Wenn Sie Ihren Hund locken, so haben Sie das Leckerchen in der Hand und Ihr Hund folgt lediglich dem versteckten Geruch.

Stellen Sie sich vor, Sie müssten in einer fremden Stadt zur Post. Jemand hält Ihnen einen 100-Euro-Schein vor die Nase und führt Sie so zur nächsten Post. Haben Sie dann auf die Umgebung geachtet und sich den Weg genau gemerkt? Nein. Mussten Sie auch nicht. Sie haben ja jemanden dabeigehabt, der Ihnen vorausläuft. Wenn Sie nun allein zur Post gehen müssen, dann haben Sie wohl ziemliche Schwierigkeiten.

Das ist Locken: Der Hund läuft lediglich dem Leckerchen hinterher, ohne bewusst auf seine Körperhaltung zu achten.

Locken ist immer nur in wenigen Übungsaufbauten zulässig, um vielleicht ein besonderes Verhalten auszulösen, das ein Hund von sich aus nicht sofort zeigen würde. Danach muss aber umgehend die Belohnung eingesetzt werden, falls Sie nicht mit dem Clicker arbeiten.

Um einen Hund zu Beginn davon zu überzeugen, dass das Laufen auf einer Leiter sich lohnt, kann man ihn locken. Später werden die Lockbröckchen abgebaut.

Wann belohnen?

Belohnen Sie Ihren Hund für Dinge, die er richtig macht. Kommt er auf einem Spaziergang freiwillig zu Ihnen, erklären Sie mit der Belohnung, dass es sich lohnt, bei Ihnen vorbeizuschauen – als Anerkennung einer lobenswerten Tat. Es ist eben nicht selbstverständlich, dass Ihr Hund Rückmeldung und Kontakt hält und sich ständig an Ihnen orientiert – sonst würden Sie nicht gerade in diesem Buch lesen. Am genauesten können Sie Ihrem Hund erklären, was er richtig gemacht hat, wenn Sie mit einem sekundären Verstärker arbeiten (siehe Kapitel „Clickertraining").

Womit belohnen?

Das verbale Lob und ein Tätscheln auf den Kopf muss reichen, sagen Sie? Armer Hund! Häufig kommt das verbale Lob beim Hund gar nicht als „Belohnung" an. Belohnung muss auch wirklich vom Hund als „Lohn für eine Gegenleistung" gesehen werden. Zudem loben die meisten Menschen verbal in der gleichen Stimmlage, wie sie auch tadeln. Wie soll der Hund unterscheiden, dass das gemurmelte „Fein" ein Lob sein soll, während in

Kopftätscheln eignet sich nicht unbedingt als Belohnung. Der kleine Nero zeigt hier, dass er sich unwohl fühlt: Er legt die Ohren nach hinten, hat seine Augen geschlossen und sitzt vom Menschen abgewandt.

So fühlt sich Nero schon sichtlich wohler: Der Mensch ist auf seiner Höhe und streichelt ihn sanft oben und seitlich am Körper.

derselben Tonlage „Nein" als Tadel gilt. Hunde verstehen nicht den Inhalt unserer Worte – sie interpretieren unseren Tonfall und unsere Körperhaltung. Beugen Sie sich über den Hund und tätscheln Sie ihm dabei noch den Kopf, so ist das alles andere als ein Lob.

Achten Sie doch einmal darauf, wie oft Ihr Hund einen Schritt von Ihnen zurückmacht, wenn man ihm mit dieser Art Belohnung kommt.

Womit kann man Hunde belohnen?

Dies können ganz besondere Leckerchen sein. Machen Sie sich einmal die Mühe und testen bei Ihrem Hund verschiedene Happen. Schreiben Sie sich dabei eine Hitliste auf:

Leckerchen-Hitliste für Bello
Platz 1: Würstchen
Platz 2: Gouda
Platz 3: Apfel
Platz 4: Banane
Platz 5: Hähnchen
Platz 6: _____

Genauso verfahren Sie mit Dingen aus dem sozialen Bereich:

Aktions-Hitliste für Bello
Platz 1: Schwimmen
Platz 2: Ball werfen
Platz 3: Mit mir rennen
Platz 4: Schnüffeln
Platz 5: Mauseloch buddeln
Platz 6: _____

Wie finden Sie heraus, was auf der Hitliste für Leckerchen steht? Bereiten Sie ein paar verschiedene Belohnungshappen vor, Würstchen, verschiedene Sorten Käse, Obst, Gemüse, Hundeleckerchen aus dem Tierfuttergeschäft.

Test 1: Würstchen/Gouda
Test 2: Würstchen/Apfel
Test 3: Apfel/Banane
Test 4: Putenbrust/Würstchen

Nehmen Sie jeweils von einer Sorte ein Stückchen in die linke, von einer anderen Sorte in die rechte Hand. Zeigen Sie Ihrem Hund die Leckerchen auf der flachen Hand. Das Leckerchen, das Ihr Hund zuerst verspeist, hat meistens Priorität. Um dabei sicher zu sein, wiederholen Sie den Test mit den gewählten Leckerchen ein paarmal. Ist eine deutliche Tendenz zu erkennen, schreiben Sie sich das auf. Probieren Sie verschiedene Kombinationen aus, und so können Sie dann auch die Favoritenliste erstellen.

Jetzt haben Sie sich schon einmal Gedanken darum gemacht, was Ihr Hund gerne mag; Sie haben sich eingehend mit ihm beschäftigt. Der erste Schritt in Richtung guter Bindung. Jetzt haben Sie eine breite Palette, um Ihren Hund zu belohnen. Außerdem sollten Sie immer darauf achten, die Leckerchen der Aufgabe anzupassen. Muss Ihr Hund eine schwierige Aufgabe bewältigen, dann darf es ruhig etwas besonders Gutes sein – und auch die Menge dürfen Sie erhöhen. Hat Ihr Hund es das erste Mal geschafft, eine Leiter ohne Hilfe zu be-

steigen, geben Sie ihm gleich eine Handvoll Leckerchen! Zeigen Sie ihm, dass er es gut gemacht hat, und bezahlen ihn dafür. Ihr Hund schwimmt für sein Leben gern? Nutzen Sie das, indem Sie zum Beispiel an einem See oder Fluss trainieren – schicken Sie ihn zum Schluss als Superbelohnung zum Schwimmen! Versuchen Sie herauszufinden, was Ihr Hund in dem Augenblick auch wirklich als Belohnung ansehen könnte. Das ist schon ein Schritt für ein harmonisches Miteinander.

Zusammenfassung – Richtig belohnen:

- Listen Sie auf, was Ihr Hund wirklich gerne frisst, und machen eine Hitliste.
- Listen Sie auf, was Ihr Hund wirklich gerne tut, und machen eine Hitliste.
- Variieren Sie bei der Belohnung mit Futter und Spiel.
- Variieren Sie bei der Belohnung mit der Menge des Futters oder der Dauer des Spiels.

Obwohl der Hund gar nicht aufmerksam ist, versucht das Herrchen seinen Hund ins Sitz zu bringen. Er versucht dies, wie es leider häufig geschieht, mit dem Drücken auf das Hinterteil und einem Zug an der Leine. Auf diese Weise lernt der Hund jedoch nicht, auch in spannenden Situationen auf Sie und Ihre Signale zu achten.

Aufbau eines Signals –
Beispielübung Sitz

Bevor wir mit dem Training weitermachen, möchte ich Ihnen anhand des Hör- und Sichtzeichens Sitz erklären, wie Sie sinnvoll ein Signal aufbauen. Wie die grundlegende Weise des Lernens bei Hunden und allen anderen Wirbeltieren funktioniert, finden Sie im Kapitel über die Lerngesetze. Die Art und Weise, wie hier das Signal Sitz aufgebaut wird, können Sie auf jedes beliebige Signal anwenden, das

Sie Ihrem Hund beibringen möchten. Dem Hund ist es völlig egal, was Sie zu ihm sagen, damit er eine Aktion ausführt. Er versteht die Bedeutung des Wortes nicht. Sie könnten Ihrem Hund auf das Hörzeichen „Waschmaschine" ebenfalls das Hinsetzen beibringen. Wichtig ist allerdings, dass Sie es ihm überhaupt erst einmal beibringen. Wenn wir das Hörzeichen Sitz betrachten, soll der Hund

folgende Aktion ausführen: Er bringt sein Hinterteil auf den Boden. Für den Hund ist das Wort Sitz lediglich ein Laut! Wir müssen dabei auch auf unsere Stimme und Körpersprache und -haltung achten. Meistens steht der Mensch vornübergebeugt, also sehr bedrohlich, vor dem Hund, wedelt mit einem Leckerchen oder, schlimmer noch, zieht nach oben an Leine und Halsband und drückt hinten auf den Hundepo.

Zudem wiederholt der Mensch den komischen Laut Sitzsitzsitzsitz in vielen verschiedenen Tonarten. Oder sagt Dinge wie: „Mach schön Sitz! Fein Sitz! Schönes Sitzi!", bis schlussendlich der Mensch die Geduld verliert, den Hund scharf anspricht. „Sitz, habe ich gesagt!!!", und Hund sich überrascht oder verängstigt hinsetzt. Denken Sie daran: Dem Hund ist die Bedeutung des Wortes völlig unbekannt! Er hört seinen Menschen irgendwelche Laute von sich geben, fühlt sich durch die Körperhaltung bedroht und am Ende wird er „angeknurrt" und zurechtgewiesen – für etwas, das der Hund nicht kann und nicht weiß. Nicht gerade förderlich für eine vertrauensvolle Beziehung oder die Lust am Lernen. Sie müssen Ihrem Hund also eindeutig und freundlich beibringen, welche Bedeutung der Laut Sitz für ihn bekommen soll. Genauso wie Sie eine Fremdsprache lernen müssen: Vokabel für Vokabel, und diese dann auch noch in verschiedenen Beugungsformen.

Vokabeln lernen

Die neu zu lernende Vokabel für den Hund soll Sitz sein. Das bedeutet, dass der Hund den Laut Sitz mit der Aktion „Po-auf-den-Boden" verknüpft.

Sitz ist ein einfaches Signal. Ein Hund kann schnell lernen, es auszuführen.

Dies soll er möglichst zu jeder Tages- und Nacht-zeit, auf allen möglichen und unmöglichen Unter-gründen, am besten noch in jeder Entfernung, jeg-licher Körperhaltung vom Menschen, in jeder erdenklichen Tonlage und bei jeder Ablenkungs-stufe tun. Sie sehen, diese scheinbar einfache Voka-bel hat es in sich!

Worauf müssen Sie achten?

- Die Vokabel sollte möglichst einfach sein, wie zum Beispiel Sitz.
- Sprechen Sie die Vokabel in der immer gleichen freundlichen und hohen Tonlage aus.
- Benutzen Sie ein Sichtzeichen dazu, zum Beispiel den erhobenen Zeigefinger.

Lassen Sie Ihren Hund kurz schnuppern, damit er weiß, dass Sie etwas Leckeres in der Hand haben. Stellen oder hocken Sie sich dabei gerade vor den Hund und heben Ihre Hand leicht nach hinten über den Kopf des Hundes, sodass er der Hand mit dem Kopf nachfolgen muss.

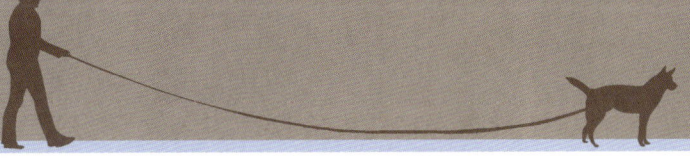

Bitte vergessen Sie nie, dass die Vokabel Sitz heißt und nicht Sitzsitzsitzsitz! Das sind für den Hund zwei völlig unterschiedliche Vokabeln.

Beginnen Sie die Übung an einem Ort mit wenig Ablenkung. Nehmen Sie ein besonders gutes Leckerchen in Ihre rechte Hand, der Zeigefinger ist erhoben, das Leckerchen verschwindet unter den angelegten restlichen Fingern.

Lassen Sie Ihren Hund kurz daran schnuppern, damit er weiß, dass dort etwas Gutes drin ist. Stellen Sie sich gerade vor den Hund, erheben Sie nun Ihre rechte Hand leicht nach hinten über den Kopf des Hundes, sodass er der Hand mit dem Kopf nachfolgen muss.

Um der Hand weiter zu folgen, muss sich Ihr Hund nun zwangsläufig hinsetzen. Während Ihr Hund nun den Po auf den Boden bringt, sagen Sie die neue Vokabel Sitz. Nun geben Sie Ihrem Hund sofort das Leckerchen aus der rechten Hand. Wichtig! Geben Sie ihm das Leckerchen, wenn er noch seinen Po auf dem Boden hat.

Bitte nicht das Leckerchen geben, wenn er schon wieder aufgestanden ist. Dann müssen Sie die Übung wiederholen. Ansonsten bringen Sie ihm bei, dass das Signal SITZ folgendermaßen aussieht: Po auf den Boden – aufstehen. Sie wundern sich dann, dass Ihr Hund nicht in der Lage ist, längere Zeit sitzen zu bleiben.

Versuchen Sie gleich zu Beginn auch schon gerade vor Ihrem Hund zu stehen und die Hand leicht hinter dem Kopf des Hundes zu halten.

Erhobener Zeigefinger, anfangs hinter-über dem Kopf des Hundes.

Während der Bewegung des Hundes (Po auf den Boden) einmal die Vokabel sagen: Sitz (immer in der gleichen Tonlage!).

Die Übung mit dem Leckerchen in der Hand wiederholen Sie vier- bis fünfmal. Der Ablauf ist immer der gleiche:

Dann beginnen Sie, die Übung ohne Leckerchen in der rechten Hand zu üben. Um schneller zu belohnen, halten Sie das Leckerchen nun ver-

Hund sofort füttern, wenn er den Po auf dem Boden hat.

Hund immer nur in der Position „Po auf dem Boden" füttern.

steckt in der linken Hand. Der Ablauf der Übung unterscheidet sich ein wenig von der mit Leckerchen:

- Erhobener Zeigefinger.
- Sie sagen Sitz und warten, bis Ihr Hund den Po auf den Boden bringt.

Diese Variante wiederholen Sie ebenfalls vier- bis fünfmal und lassen dann das Leckerchen auch aus der linken Hand weg. Dafür holen Sie dann das Leckerchen aus einem Beutel oder aus einem Schüsselchen, das griffbereit in Ihrer Nähe steht. Achten Sie bitte auch hier wieder darauf, dass Sie in der richtigen Position füttern.

Zum Schluss holen Sie das Leckerchen aus einer Schüssel oder einem Beutel. Der Hund bleibt dabei immer in seiner Position.

Mögliche Probleme und ihre Lösungen

Problem: Ihr Hund hüpft die ganze Zeit an Ihnen herum.

Lösung: Sie warten ruhig ab, bis sich Ihr Hund beruhigt hat. Lassen Sie ihn hüpfen und springen, sprechen Sie ihn dabei nicht an, schimpfen Sie nicht, warten Sie einfach. Er wird lernen, dass er mit seinem Gehüpfe nicht ans Leckerchen kommt.

Problem: Der Hund nagt und lutscht die ganze Zeit an Ihrer Hand mit dem Leckerchen.

Lösung: Heben Sie die Hand höher, sodass er nicht rankommt; füttern Sie erst, wenn der Hund sich ruhig verhält und immer noch den Po auf dem Boden hat.

Problem: Ihr Hund steht gleich wieder auf.

Lösung: Füttern Sie den Hund immer in der gewünschten Position. Sie müssen am Anfang sehr schnell sein. Füttern Sie den Hund niemals, wenn er sich nicht in der gewünschten Position befindet.

Problem: Ihr Hund setzt sich nicht hin, weicht zurück.

Lösung: Überprüfen Sie Ihre Körperhaltung. Hunde fühlen sich oftmals bedroht, wenn Sie sich über sie beugen. Beginnen Sie die Übung in der Hocke oder kniend.

Problem: Ihr Hund setzt sich nach dem verbalen Signal Sitz nicht hin.

Lösung: Wenn Sie Ihr Signal geben, zählen Sie langsam bis 15. Sitzt Ihr Hund nicht, verändern Sie die Position mit Ihrem Hund, gehen Sie zwei Schritte zur Seite. Fragen Sie wieder das Sitz ab. Achten Sie auf Ihre Tonlage. Haben Sie das Wort Sitz immer gleich freundlich ausgesprochen?

Warum sollen Sie Ihren Hund immer in der richtigen Position belohnen? Der Hund verknüpft die Belohnung mit der Position, in der er sich befindet – steht er also auf, haben Sie ihn für das Stehen belohnt, nicht für die eigentliche Übung Sitz.

Warum drücken wir nicht einfach auf den Hundepo? Hunde lernen kontextbezogen (siehe Kapitel Lerngesetze), was also heißt: Der Hund verbindet die Vokabel Sitz mit dem taktilen Zeichen Druck auf Po und dem verbalen Zeichen. Ich kenne einige Hunde, die dadurch nicht imstande sind, sich auf Entfernung auf das Signal Sitz hinzusetzen, weil die Berührung fehlt.

Festigung der Übung

Sie haben nun in der Küche Ihrem Hund die Vokabel Sitz beigebracht. Das heißt aber nicht, dass Ihr Hund auch im Wohnzimmer weiß, dass Sitz dort dieselbe Bedeutung hat (Po auf Boden). Wie Sie wissen, verallgemeinern Hunde sehr schlecht, und wir sind dafür verantwortlich, dass unser Vierbeiner die Möglichkeit bekommt, diese neue Vokabel sozusagen in allen möglichen Beugungsformen zu lernen.

Verlegen Sie Ihre Übungen vom Wohnzimmer ins Schlafzimmer, in den Flur, auf steinigen Boden, auf Asphalt, auf Gras – bestimmt fällt Ihnen noch mehr dazu ein. Achten Sie darauf, dass die Ablenkungen sich langsam steigern. Von einem Welpen können Sie in einem gefüllten Kaufhaus kein blitzschnelles Sitz erwarten, wenn er überhaupt bei so viel Ablenkung in der Lage ist, sich auf Signal hinzusetzen. Da sind die umgebenden Reize viel zu hoch, als dass er sich auf Vokabellernen konzen-

trieren könnte. Oder haben Sie schon mal versucht, mit einem Erstklässler das kleine Einmaleins im Kaufhaus-Kinderparadies zu lernen?

Wichtige Tipps:

- Sagen Sie nur ein Mal Sitz, während der Hund sich setzt, in Verbindung mit dem Sichtzeichen (erhobener Zeigefinger). Achten Sie auf die Tonlage bei dem verbalen Signal.
- Anfangs belohnen Sie aus der Hand, mit der Sie das Sichtzeichen machen.
- Belohnen Sie den Hund sofort und in der richtigen Position (Po auf dem Boden).
- Nach mehrmaligem Wiederholen geben Sie das verbale Signal Sitz, bevor der Hund sitzt. Immer in Verbindung mit dem Sichtzeichen.
- Belohnen Sie aus der linken Hand oder aus dem Beutel in der richtigen Position.
- Üben Sie an vielen verschiedenen Orten, beginnend mit wenig Ablenkung, und steigern diese. Bei neuen Anforderungen immer sofort belohnen.
- Variieren Sie die Belohnungssequenzen – in bekannten Situationen (Küche, Wohnzimmer), wo Ihr Hund zuverlässig auf Signal sitzt, belohnen Sie nur noch jedes zweite, dann jedes dritte Sitz.
- Variieren Sie die Belohnungen – jeden Tag Kaviar motiviert mit der Zeit nicht mehr. Experimentieren Sie mit den Leckerchen. Ihr Hund darf niemals wissen, was nun für ihn und seine Arbeit herausspringt.

Und: Seien Sie konsequent! Wenn Sie Sitz sagen, meinen Sie das auch – egal, wie hektisch es um Sie herum ist. Nichts ist schlimmer als ein Signal, das nicht ausgeführt wird. Ihr Hund soll sich nicht überlegen, was jetzt gerade wichtiger ist. Deshalb: Wenn Ihr Hund auf ein Signal nicht das tut, was Sie ihm beigebracht haben, dann haben Sie entweder die Anforderungen zu schnell erhöht und Ihr Hund kann es noch nicht, oder Sie warten einen Augenblick, bis Ihr Hund wieder ansprechbar ist, gehen ein Stück an die Seite und verlangen Ihr Signal noch einmal. Das klappt in den allermeisten Fällen.

Merken Sie, dass Ihr Hund so abgelenkt ist, dass er das Signal nicht befolgen wird – dann geben Sie auch kein Signal! Gehen Sie weiter und verlangen an einer ruhigeren Stelle Ihr Signal.

Wichtig: Geben Sie in den Übungsphasen dem Hund niemals ein Leckerchen, wenn er etwas „falsch" macht, also sich zum Beispiel nicht hinsetzt, wegläuft oder herumhüpft. Das Leckerchen bedeutet für den Hund: „Gut gemacht!" Wenn Sie ihm also für nichts als In-der-Gegend-Herumschauen ein Leckerchen einwerfen – was lernt er daraus? In der Gegend herumschauen ist gut. Wenn Sie kein Leckerchen dabeihaben, dann loben Sie in ruhiger Tonlage, sodass der Hund nicht in Versuchung kommt aufzuspringen. Aber ein fünf Minuten später gegebenes Leckerchen können Sie sich getrost verkneifen. Ihr Hund weiß nicht, wofür er das bekommt.

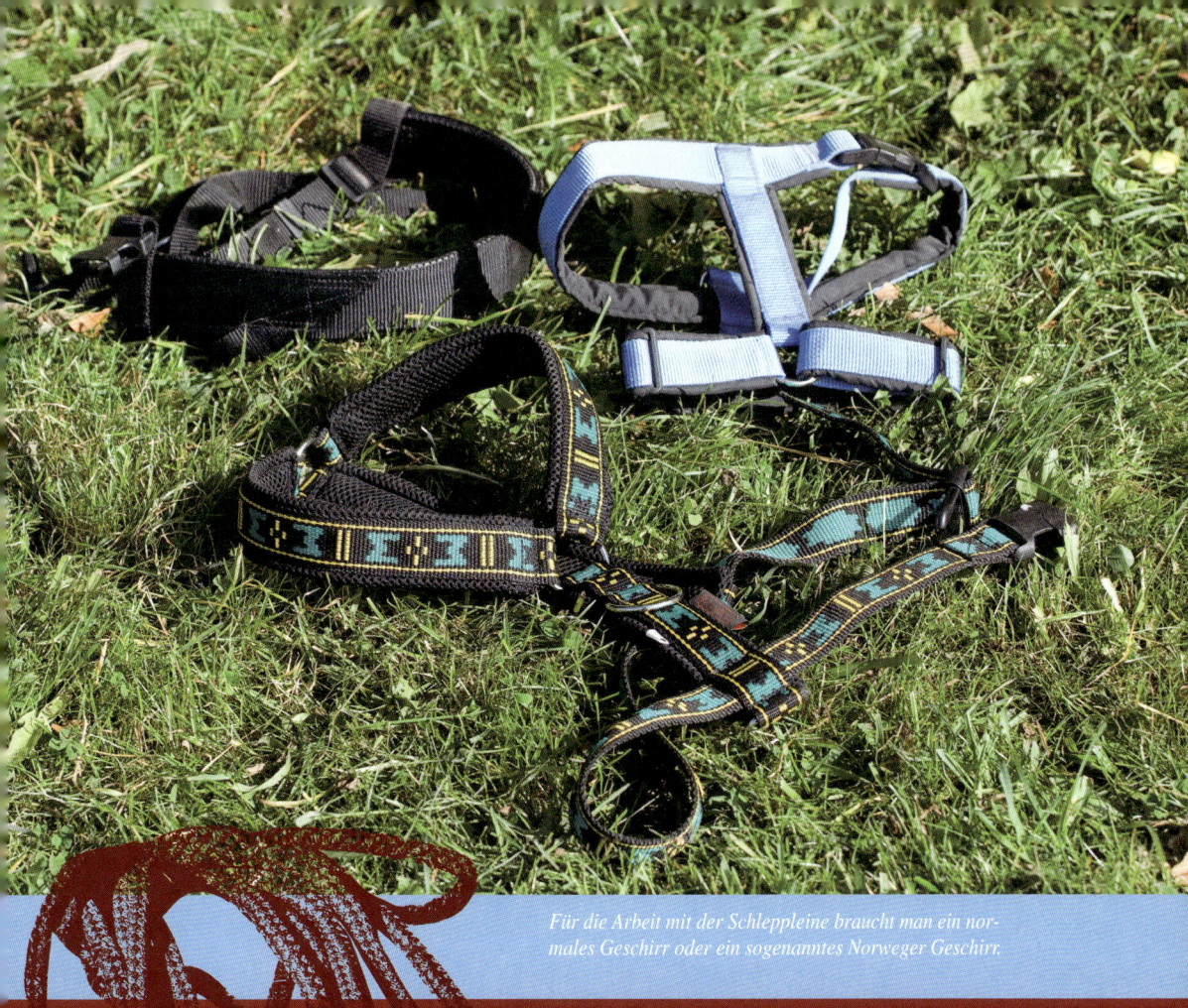

Die Schleppleine
und anderes
Zubehör für das Training

Geschirr

Bevor Sie die Schleppleine anklicken können, benötigen Sie für den Hund ein gut sitzendes, gepolstertes Geschirr. Achten Sie beim Kauf auf breites, weiches Gurtband und eine Polsterung, die sich auch bei Regen nicht vollsaugt. Es eignet sich ein Geschirr mit zwei D-Ringen für den täglichen Gebrauch: ein D-Ring vorn am Nacken und ein D-Ring über dem mittleren Rücken. Ein passendes Norwegergeschirr bietet auch sehr angenehmen Tragekomfort für den Hund. Der Vorteil hierbei ist, dass der Hund mit der Pfote durch keine Schlaufe muss. Es wird nur über den Kopf gezogen und mittels eines Bauchgurts am Hund fixiert.

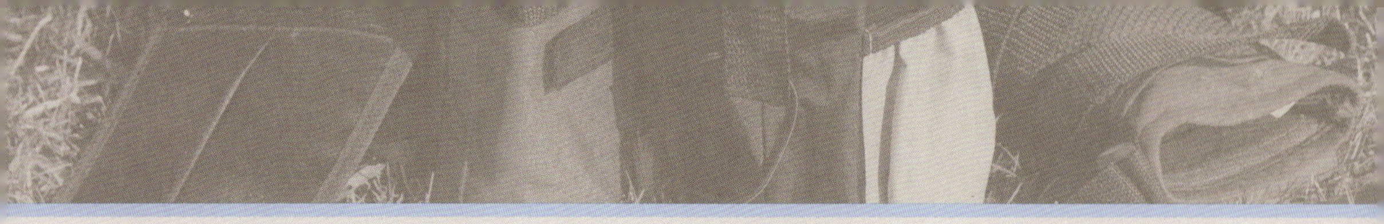

Auf gute Passform und Bequemlichkeit sollten Sie besonders bei kurzhaarigen, muskulösen Hun-

den achten. Das Geschirr soll nirgendwo einschneiden oder den Hund verletzen. Weniger empfehlenswert sind sogenannte „Step-in"-Geschirre.

Wichtig! Machen Sie Schleppleinentraining niemals mit einem normalen Halsband, Kettenwürger, Stachelhalsband oder gar Halti! Bei der Benutzung von Halsbändern kann es bei stürmischen Hunden zu Verletzungen der Halswirbel-

säule und des Kehlkopfes kommen. Wenn Sie ein Kopfhalfter (Halti) benutzen, können Sie damit Ihren Hund umbringen – einem stürmischen Hund, der in die Leine rennt, brechen Sie durch den abrupten Stopp mit dem Halti das Genick.

Weniger empfehlenswert sind sogenannte Step-In-Geschirre. Schmalbrüstige Hunde oder besonders clevere Zeitgenossen sind schnell aus diesem Geschirr ausgestiegen.

In der Mitte eine empfehlenswerte Leine für kleine Hunde und Welpen. Die schwarze Leine im Vordergrund ist für einen mittleren Hund und die Gurtleinen sowie die dicke rote Leine eignen sich für besonders kräftige Hunde.

Schleppleine

Nun zum zweiten zentralen Ausrüstungsgegenstand – der Schleppleine. Hier sollten Sie zu Ihrer eigenen Sicherheit nicht am Preis sparen. Qualitativ hochwertige Leinen sind langlebig, wetterbeständig, pflegeleicht.

Für Welpen und kleine Hunde

Leinen für Welpen und kleine Hunde müssen möglichst leicht sein. Leichte Leinen haben allerdings oft den Nachteil, dass sie auch immer recht dünn sind. Rundleinen für kleine Hunde und Welpen sollten eine Stärke von 3 bis 4 Millimetern haben.

Deshalb darf hier nicht der Tipp für gute, mit Leder gepolsterte Fahrrad- oder Gewichtheber-

Handschuhe fehlen, wenn Sie einen großen Welpen Ihr Eigen nennen. Es könnte sonst unangenehme Verbrennungen an den Händen geben. Außerdem sollte sich die Leine auch nicht schnell mit Wasser vollsaugen, damit sie nicht zu schwer wird. Ihr Welpe soll ja noch laufen und springen können. Am besten eignen sich Leinen aus modernem Synthetikmaterial.

Für größere Junghunde und erwachsene Hunde

Für Junghunde und erwachsene Hunde sollten Sie die Leine immer in Abhängigkeit von Größe und Gewicht kaufen. Eine Dogge kann ganz schön durchstarten, und das sollte eine gute Leine auch aushalten.

Am besten ist eine griffige Rundleine, etwa zehn bis zwölf Millimeter, oder eine 25-Millimeter-Gurtleine, bei der sich keine Fäden oder Fasern lösen und die sich nicht vollsaugt. Achten Sie bei den Gurtleinen darauf, dass sie nicht aus Baumwolle gewebt sind. Baumwolle saugt sich innerhalb kürzester Zeit voll und wird sehr schwer. Besonders in den Übergangsmonaten (Frühling/Herbst) sind solche vollgesogenen nassen Leinen kein Spaß. Bitte benutzen Sie bei größeren Hunden auch immer Fahrrad- oder Gewichtheber-Handschuhe – einfach um sich vor Verletzungen zu schützen. Bei sehr großen Hunden empfiehlt sich zur Unterstützung ein Bauchgurt mit Panikhaken. So ist gewährleistet, dass Ihnen bei einem durchstartenden Hund der Arm nicht ausgekugelt wird, oder Sie können blitzschnell die Leine loswerden, ohne dass Sie in Gefahr geraten.

Panikhaken.

Warum keine Aufrollleine?

Natürlich sind diese Aufrollleinen praktisch, wenn man dem Hund nicht beigebracht hat, ordentlich an einer normalen Zwei-Meter-Führleine zu laufen. Doch für das Schleppleinentraining sind diese Kästen ganz und gar nicht zu gebrauchen. Erstens sind es unhandliche Kästen, die man immer nur mit einer Hand halten kann. Zweitens gab's da schon einige „Materialfehler". Drittens spüren kleine Hunde den Zug. Viertens kann man nicht kurzfristig das Ende loslassen, wenn der Hund irgendwo durch das Gebüsch tobt und sich verheddert hat.

Mir ist einmal ein Schäferhund vors Auto gelaufen, der an einer Aufrollleine an der Straße geführt wurde. Er erspähte auf der anderen Seite eine Katze und rannte los – bis das Frauchen den Stoppknopf gedrückt hatte und ihren Hund zurückangeln wollte, stand der Hund drei Meter auf der Straße und wurde nun durch den Stopp aufgehalten. Wenn ich Hunde mit Aufrollleine sehe, fahre ich immer extra vorsichtig, und das hat auch da dem Schäferhund das Leben gerettet.
Mit einer Zwei-Meter-Führleine gäbe es nur zwei Möglichkeiten:

A: Der Hund kommt erst gar nicht auf die Straße, weil Mensch hinten dranhängt (sofern Mensch aufmerksam mit seinem Hund spazieren geht).

B: Der Hund reißt sich los und hat die Möglichkeit, auf die andere Seite der Straße zu gelangen, ohne mitten im Lauf auf der Straße angehalten und von einem Auto erfasst zu werden.

Gefährlich sind beide Varianten – eine Zwei-Meter Leine ist aber nach zwei Metern zu Ende – eine Aufrollleine gibt mehr Möglichkeiten zu gefährlichem Verhalten.

Leckerchenbeutel

Damit Sie Ihre Leckerchen immer griffbereit haben, empfiehlt sich ein separater Beutel. Eine Bauchtasche ist nicht ganz so empfehlenswert, da die Eingrifföffnung zu schmal ist und man so nicht schnell genug das Leckerchen griffbereit hat. In der Praxis haben sich spezielle Leckerlibeutel bewährt, die schnell an der Gürtelschlaufe, Hose oder Jackentasche befestigt werden können. Sie haben eine große Öffnung und können auch gewaschen werden.

Mittlerweile gibt es viele praktische Leckerlibeutel zu kaufen. Sie sind sehr praktisch, weil man sie am Gürtel oder am Hosenbund befestigen kann, außerdem sind sie waschbar und halten viel aus.

Am Anfang dient ein Mensch als Hundersatz, damit Sie das Auf- und Abwickeln der Leine stressfrei üben können.

Vorbereitendes Training

Trockentraining – Wickeltechnik

Bevor Sie mit dem Schleppleinentraining beginnen, sollten Sie unbedingt ein paar Trockenübungen mit der Zehn-Meter-Leine machen. Das bewahrt Sie vor unliebsamen Begegnungen mit dem Wiesen- und Waldboden, weil Sie sich in der herumliegenden Leine verheddert haben. Schließlich sollen Sie sich voll und ganz auf Ihren Hund konzentrieren. Dafür ist es sehr wichtig, dass Ihnen die Technik des Auf- und Abwickelns in Fleisch und Blut übergeht. Übung macht den Meister! Am besten üben Sie die Wickeltechnik mit einem Partner, oder lassen Sie doch Ihre Kinder einmal Hund spielen! Gehen Sie mit Ihrem Trainingspartner spazieren und geben Sie genügend Leine, ohne dass Ihr Partner (später Hund) ziehen muss. Ihr Hund darf später ruhig die zehn Meter der Leine ausnutzen.

So sollte es aussehen, wenn Sie mit Ihrem Hund das Training beginnen. Die Leine ist in der linken Hand locker aufgewickelt, mit der rechten Hand können Sie die Leine nachfassen.

Wird Ihr Partner langsamer, wickeln Sie die Leine wieder auf. Diese Technik des Auf- und Abwickelns sollten Sie wirklich üben, damit sie zur Routine wird. So müssen Sie nicht mehr über die Leine nachdenken und können sich beim Training ganz auf Ihren Hund konzentrieren.

![Ein Husky an der Schleppleine auf einer Wiese, im Hintergrund eine Frau, die die Leine hält.]

Beachten Sie Ihren Hund nicht, wenn Sie mit dem Orientierungstraining beginnen.

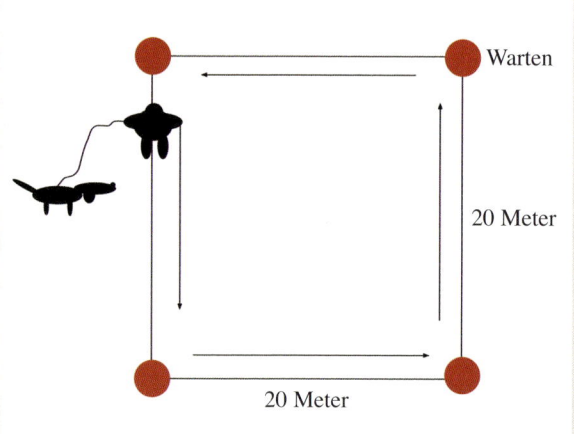

So ist Ihre Laufstrecke für das Orientierungstraining.

Warten

20 Meter

20 Meter

Orientierungstraining

Das Orientierungstraining ist zum einen eine sehr gute Übung für die Handhabung der Schleppleine mit Hund. Zum anderen erarbeiten Sie sich damit wieder die Aufmerksamkeit Ihres Hundes. Diese Übung ist für Hunde jeder Altersstufe als begleitendes Training für das Schleppleinentraining notwendig. Es basiert auf der Freiwilligkeit des Hundes – Sie sind eher passiver Part. Wenn Sie einen Hund haben, der aggressiv gegenüber Menschen oder Artgenossen reagiert, lesen Sie bitte jetzt das Kapitel „Schleppleinentraining bei Agressionsproblemen"!

Suchen Sie sich eine Wiese mit wenig Ablenkung. Sie haben Ihren Hund, die Zehn-Meter-Leine und genügend wirklich gute Leckerchen. Alles steht und fällt mit der Motivation Ihres Hundes! Der Hund ist an der Schleppleine (denken Sie an das Geschirr!), und nun gehen Sie ein gedachtes Viereck mit etwa 20 Metern Länge.

Ihr Hund läuft neben Ihnen, vor Ihnen, hinter Ihnen. Das Wichtigste ist, dass Sie Ihren Hund nicht beachten. Egal, was er gerade tut – Sie gehen Ihren Weg von 20 Metern! Nicht beachten heißt: Sie sprechen ihn nicht an, Sie schauen ihn nicht an, Sie schnalzen nicht mit der Zunge oder klopfen auf Ihr Bein.

Sobald Ihr Hund zu Ihnen kommt und Kontakt aufnimmt: Geben Sie ihm ein Leckerchen! Loben Sie ihn und schicken ihn dann mit einem fröhlichen „Lauf!" und einer ausladenden Handbewegung wieder von Ihnen weg.

Hüpft Ihr Hund trotzdem noch um Sie herum, beachten Sie ihn einfach nicht.

Er wird feststellen, dass er mit der Hüpferei keinen Erfolg bei Ihnen hat, und sich bald wieder anderen Dingen zuwenden. Seien Sie hart und beachten Ihren Hund wirklich nicht! Kein Lachen, kein Anschauen! Schimpfen Sie auch nicht mit Ihrem Hund, wenn er in die Leine beißt, Ihnen in die Waden zwickt oder sonst ein aufmerksamkeitsforderndes Verhalten zeigt. Behalten Sie die Nerven, bleiben in solchen Situationen stehen und warten Sie, bis sich Ihr Hund beruhigt hat. Dann gehen Sie weiter ihr gedachtes Viereck von 20 mal 20 Metern.

Aufmerksamkeitsheischendes Benehmen (anspringen, in die Hose beißen) ignorieren Sie, seien Sie wirklich hart und schauen oder sprechen Sie Ihren Hund nicht an!

Auch wenn es für Ihren Hund anfangs ungewohnt ist – lassen Sie sich nicht von ihm aus der Ruhe bringen.

Jeden freiwilligen, aufmerksamen Kontakt Ihres Hundes müssen Sie sofort mit Leckerchen bestätigen: Er kommt zu Ihnen und schaut Sie an = Leckerchen oder Klick und Belohnung.

Er bleibt stehen und schaut zu Ihnen zurück = Lob oder Klick und Belohnung. Ihr Hund muss keinen direkten Augenkontakt aufnehmen. Hunde haben ein größeres Gesichtsfeld als Menschen und nehmen uns auch dann schon wahr, wenn sie uns nicht direkt in die Augen schauen.

Bleiben Sie an den Ecken des Vierecks für eine Weile stehen. Zählen Sie dort langsam bis 100. Sollte in dieser Zeit Ihr Hund nicht zu Ihnen gekommen sein, gehen Sie wieder weiter. Kommt Ihr Hund während des Zählens zu Ihnen, bestätigen Sie ihn mit einem Leckerchen und gehen dann wieder los.

Denken Sie daran, die Schleppleine immer wieder mit auf- und abzuwickeln. So bekommen Sie „ganz nebenbei" die richtige Routine mit der Leine, damit Sie auch in unwegsamem Gelände die Technik wie im Schlaf beherrschen.

Das Orientierungstraining ist grundlegend für ein erfolgreiches Schleppleinentraining. Damit lernt der Hund, dass freiwilliges Zurückkommen und Achtgeben auf seinen Menschen ihm Erfolg (= Leckerchen) bringt. Für Hunde, die ein großes Aufmerksamkeitsdefizit haben, sollte man die tägliche Futterration im Orientierungstraining verfüttern. Hunde dürfen ruhig für ihr Fressen arbeiten!

Trainieren Sie zu Beginn immer an Orten, an denen keine Ablenkung für den Hund vorhanden ist. Das ist für Welpen besonders wichtig, damit sie auch wirklich lernen können, sich auf Sie zu konzentrieren. Die Ablenkung wird im Laufe des Trainings immer weiter gesteigert. Gehen Sie dabei nicht zu schnell vor.

Trainingsplan Orientierungsübungen

Die Orientierungsübung sollten Sie mindestens zweimal täglich durchführen.

Zeitaufwand gestaffelt nach Hundealter:
- Welpen 8 bis 20 Wochen etwa 5 Minuten
- Junghunde ab etwa 5 Monaten 10 bis 15 Minuten
- Hunde ab etwa 12 Monaten 30 bis 45 Minuten

Ablenkungsstufen – Trainingsdauer

1. Wiese ohne Ablenkung – etwa 2 Wochen
Eine Wiese ohne Ablenkung finden Sie meistens außerhalb der Ortschaft oder in abgelegenen Teilen von Parkanlagen. Wenn Sie in innerstädtischen Parkanlagen üben, achten Sie bitte darauf, dass Sie wirklich fast keinen frei laufenden Hunden begegnen. In Großstädten findet sich immer irgendwo ein Stückchen Wiese, das nicht frequentiert ist. Fahren Sie außerhalb auf Wiesen, dann vergessen Sie Ihre Kotbeutel nicht und achten darauf, dass die Wiese relativ kurz geschnitten ist. Wiesen, die schon mehr als Knöchelhöhe haben, sollten Sie nicht mehr betreten. Das sind Futterwiesen und Landwirte reagieren nicht immer freundlich, wenn man mit seinem Hund über diese Wiesen läuft.

2. Wiese mit leichter Ablenkung – etwa 3 Wochen
Die leichte Ablenkung sollte aus einem etwas entfernten Weg bestehen, wo es manchmal Radfahrer, Spaziergänger und so weiter gibt.

3. Wiese mit mittlerer Ablenkung – etwa 3 Wochen
Hier sollten Sie eine Wiese aufsuchen, die in einem Park liegt. Allerdings nicht zu den hochfrequierten Zeiten wie im Sommer am Wochenende, wenn sich viele im Park ein Plätzchen suchen. Das sparen Sie sich für den letzten Teil des Trainings auf.

4. Wiese mit großer Ablenkung – etwa 3 Wochen

Nun können Sie auf eine Wiese, wo viele Menschen und Hunde in der unmittelbaren Nähe sind. Zum Beispiel in Parkanlagen, wo angeleinte Hunde erlaubt sind. Trainieren Sie auf Parkplätzen oder anderen frequentierten Geländen. Ihrer Fantasie sind da keine Grenzen gesetzt.

Die angegebene Trainingsdauer (Wochen) sind ungefähre Werte, an denen Sie sich orientieren können. Sie können das Training mit der nächsten Ablenkungsstufe beginnen, wenn Ihr Hund immer Rückmeldung zu Ihnen hält, er aufmerksam auch bei Ablenkung ist und sich durch Ablenkung nicht irritieren lässt. Der eine Hund braucht zum Beispiel für Ablenkungsstufe 2 länger als der andere. Gehen Sie erst dann wirklich zum nächsten Trainingsschritt über, wenn es Ihrem Hund so richtig langweilig wird. Reagiert er noch zwischendurch bei Ablenkungen, dürfen Sie noch nicht zur nächsten Stufe wechseln. Führen Sie ein Trainingstagebuch. Notieren Sie sich Datum, Ort und Länge des Trainings. Welche Vorfälle hat es gegeben, was ist besonders gut gelaufen? So haben Sie immer die Übersicht, an welchen Ablenkungen Sie noch üben müssen. Dann kann Ihnen ein zu schnelles Vorgehen nicht passieren.

Variieren Sie die Länge Ihrer Schleppleine, wenn Sie die erste Woche Training in einer Trainingsstufe absolviert haben. Sie können sich jeden Meter einen Knoten in die Leine machen und so schnell bestimmen, wie lang die Leine ist. Nehmen Sie aber pro Übungseinheit immer nur eine Leinenlänge, bitte nicht die Leinenlänge während einer Einheit ändern. Geben Sie Ihrem Hund die Chance, selbstständig zu erkennen, wie viel Platz er nutzen kann, und sich daran anzupassen.

Mögliche Probleme und Lösungen

Problem: Ihr Hund weigert sich weiterzugehen.

Lösung: Jetzt ist Ihre Geduld gefragt. Warten Sie, bis Ihr Hund wieder aufsteht, und machen dann richtig Action! Loben Sie ihn, spielen Sie mit ihm, toben Sie mit ihm herum. Beenden Sie nach dem Spiel die Übung. Beachten Sie bitte im Sommer, dass Sie zu kühlen Tageszeiten üben. Trainieren Sie dort, wo Ihr Hund vielleicht auch schwimmen gehen kann.

Problem: Ihr Hund sieht eine Ablenkung und will dorthin.

Lösung: Bleiben Sie stehen und warten, bis Ihr Hund sich zu Ihnen herumdreht. Loben Sie Ihn ausgiebig und machen Sie einen riesigen Spaß mit ihm (toben, spielen, Leckerchen werfen).

Problem: Sie haben das Gefühl, Ihr Hund kommt nicht oft genug zu Ihnen.

Lösung: Auch hier ist wieder Ihre Geduld gefragt. Ihr Hund muss das selbstständige Lernen erst einmal lernen. Es gibt Hunde mit extremen Aufmerksamkeitsdefiziten oder solche, die noch nicht wissen, dass sie durch ihre eigene Handlung etwas verändern können. Diese Hunde brauchen anfangs recht lange, bis sie begriffen haben, dass die Nähe zum Menschen ihnen etwas bringt. Hat es aber dann „Klick" gemacht, sind die nächsten Trainingsschritte einfacher zu bewältigen. Da hilft wirklich nur extreme Geduld und jede kleine Annäherung des Hundes belohnen.

So lernt der Welpe auch gleich die Schleppleine als etwas Angenehmes kennen. Gemeinsame Spaziergänge und Spiele fördern die Bindung.

Schleppleinen-training im Alltag

Das Training kann für jede Altersstufe des Hundes ähnlich durchgeführt werden. Wichtige Einzelheiten habe ich gesondert in Unterkapiteln noch einmal besprochen, damit jegliche Unklarheiten so weit wie möglich beseitigt werden können. Es ist selbstredend, dass der Hund auf Spaziergängen auch immer das Geschirr trägt. Niemals sollten Sie Ihren Hund mit Schleppleine und Halsband führen.

Spaziergänge mit dem Welpen und Junghund

Anfangs folgt Ihnen Ihr Welpe auf Schritt und Tritt. Schließlich ist es wichtig, seiner Bezugsperson zu folgen. Diese garantiert für den Hund Geborgenheit, Sozialkontakt, Sicherheit und Futter.

Warum sollten Sie Ihren Welpen also auf Ihren kurzen Spaziergängen überhaupt anleinen? Weil sie ihn so unter Kontrolle haben. Ihr Kleinkind nehmen Sie in unübersichtlichen Situationen doch auch an die Hand. Mit der Schleppleine sichern Sie lediglich Ihren Welpen. So kommen Sie niemals in die Verlegenheit, hinter Ihrem Vierbeiner herlaufen zu müssen, weil vielleicht gerade Gefahr in Verzug ist. Ihr kleines Fellbündel muss erst einmal lernen, in gefährlichen Situationen und bei Angst zu Ihnen zu kommen, statt panisch irgendwohin zu fliehen. Stellen Sie sich vor, Ihr Welpe rennt kopflos bei einem Knall in Richtung einer Bundesstraße. Keine schöne Vorstellung.

Der weitere Vorteil der Schleppleine am Welpen ist, dass die spätere Gewöhnung entfällt. Nicht alle Hunde müssen mit fünf bis sechs Monaten an die Schleppleine, doch in dem Alter ist die Verwendung der langen Leine sehr häufig. Warum das so ist, erklärt der Kasten auf Seite 47.

Sie sollten sich auf jeden Fall die Mühe machen – denn was Sie jetzt Ihren Welpen lehren, müssen Sie später nur noch festigen und vertiefen. Das Umlernen von unangenehmen Verhaltensweisen, die sich bereits über Monate oder gar Jahre eingeschliffen haben, ist mit noch intensiverer Arbeit verbunden. Deshalb: Lassen Sie Ihren Welpen keinen Fehler machen!

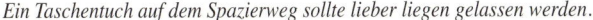

Ein Taschentuch auf dem Spazierweg sollte lieber liegen gelassen werden.

Welpen brauchen anfangs keine großartigen Spaziergänge. Vier- bis fünfmal täglich zehn bis fünfzehn Minuten sind völlig ausreichend für Hunde bis etwa sechs Monate. Denken Sie daran, dass die Gelenke und Knochen noch sehr weich und formbar sind. Auf den kurzen Spaziergängen können Sie zum einen immer mal eine kleine Einheit des Orientierungstrainings einbauen. Zum anderen lassen Sie Ihren Welpen entspannt die Welt entdecken. Hat Ihr Welpe etwas Tolles entdeckt, gehen Sie zu ihm und schauen auch einmal, was es dort gibt. Gemeinsam die Welt entdecken fördert die Bindung.

Hat Ihr Welpe etwas im Maul, was nicht auf Ihre Gegenliebe stößt, machen Sie einen Tauschhandel. Zeigen Sie ihm einen leckeren Brocken Futter oder holen sein Lieblingsspielzeug heraus. Lässt er dafür das im Maul Befindliche fallen, sagen Sie dazu „Aus" und geben ihm sofort den Futterbrocken/das Spielzeug. Achten Sie darauf, dass er das Ausgespuckte nicht wieder aufnimmt – stellen Sie einen Fuß darauf. Achten Sie darauf, dass Sie das Eingetauschte nicht wegwerfen – damit machen Sie Ihren Hund wieder darauf aufmerksam! Wenn Sie es in der Hand halten, nehmen Sie es langsam hoch, stecken es vorübergehend in die Tasche und entsorgen es später unauffällig. Fordern Sie ihn dann mit einem fröhlichen „Komm weiter" zum Mitlaufen auf. Da Ihr Hund an der Schleppleine ist, können Sie das sehr gut üben. Ihr Hund kann nicht vor Ihnen weglaufen und daraus ein lustiges Jagdspiel machen. Vielmehr können Sie ruhig agieren und ihm ein besseres Angebot machen. So lernt Ihr Welpe, Ihnen zu vertrauen, weil Sie sich vertrauensvoll und souverän verhalten. Hat Ihr Welpe verknüpft, dass er seine „Schätze" vor Ihnen nicht

Tauschen Sie seine „Schätze" gegen einen ähnlich guten „Schatz". So wird Ihr Welpe lernen, nicht mit Beute vor Ihnen wegzulaufen.

in Sicherheit bringen muss, wird er anfangen, Ihnen Dinge zu bringen. Freuen Sie sich darüber! Ihr Welpe vertraut Ihnen und Sie können immer die Entscheidung treffen, ob er etwas behalten darf oder im Tausch etwas Ungefährlicheres bekommt.

Was Sie nun auf den Spaziergängen üben sollen, finden Sie ab Kapitel „Aufbau des Rückrufs".

Warum viele Junghunde ab dem etwa fünften/sechsten Lebensmonat plötzlich nicht mehr „hören":
Das hat ganz einfach entwicklungsbedingte, biologische Gründe. Jeder Organismus entwickelt sich weiter, das nennt sich in der Biologie Ontogenese. Bestimmte Verhaltensweisen, körperliche Veränderungen setzen erst zu bestimmten Altersstufen ein. Das am deutlichsten sichtbare Beispiel für Mensch und Hund ist die einsetzende Geschlechtsreife und die damit verbundene Pubertät.
Zurück zum Junghund mit fünf bis sechs Monaten. In diesem Alter erwacht der Jagdtrieb – bei ursprünglichen Jagdhundrassen kann das sogar schon früher passieren. Gerüche und Bewegungen bekommen eine neue Bedeutung und der Hund folgt seinen genetischen Anlagen. Vögel werden mit Spaß aufgescheucht, Nachbars Katze den Baum hochgejagt und die Nase in die nächsten Mauselöcher gesteckt. Deshalb sollten Sie Ihren Welpen direkt an die lange Leine gewöhnen. Dann können Sie in der Junghundphase bereits erlernte Signale vertiefen und Ihren Hund weiterhin keinen Fehler machen lassen.

Spaziergänge mit älteren Hunden

Damit das Schleppleinentraining auch erfolgreich verläuft, gehört Ihr Hund auch bei jedem Spaziergang an die Schleppleine. Sie haben ja nun genügend Erfahrung im Umgang mit der Leine, wenn Sie dieses Buch von Anfang an durchgearbeitet haben. Was Sie auf Ihren Spaziergängen trainieren sollen, finden Sie in den nachstehenden Kapiteln.

Aufbau des Rückrufs

Besonders mit Welpen sollten Sie sofort das Rückruftraining beginnen. Merken Sie sich bitte, dass Ihre Gegenwart immer etwas Positives für Ihren Welpen sein muss. Er muss gern mit Ihnen zusammen sein wollen.

Haben Sie einen Hund, der bisher gar nicht oder erst nach mehrmaliger Aufforderung gekommen ist, gilt das Gleiche: Ihr Hund muss gern mit Ihnen zusammen sein. Dafür haben Sie den Grundstein gelegt mit dem Orientierungstraining (siehe Kapitel „Orientierungstraining"). Sie können und sollten beides parallel üben: Rückruf und Orientierung.

Suchen Sie sich eine einfache und einprägsame „Vokabel" aus. Dazu eignet sich ein freundliches „Hier". Sollten Sie diese Vokabel schon benutzt haben und Ihr Hund kommt auf dieses Signal nicht, dann nehmen Sie bitte etwas anderes: Eine Pfeife ist laut, immer gleich und auch bei viel Wind noch zu hören. Es eignen sich auch lautmalerische Worte wie „Jiiiiihaaaaa". Dem Hund ist es egal, welche Vokabel für ihn „Komm zurück" bedeutet. Wichtig ist nur, dass Sie ihm diese Vokabel auch beibringen.

I-Laute sind von der Tonalität hoch und freundlich und vom Hund besser wahrzunehmen. Zudem können Sie das Wort schön in die Länge ziehen: „Jiiiiiiaaaa". Es endet auf einem weiteren offenen Vokal. Ein „Komm" hingegen wirkt sehr dumpf, aggressiv und endet auf einem Konsonanten. Keine sehr guten Voraussetzungen, um dieses Signal auch auf Entfernung mit genügend Lautstärke zu rufen.

Machen Sie einmal einen Test: Stellen Sie sich mit Ihrem Partner in einem 50-Meter-Abstand voneinander auf. Rufen Sie nun Ihren Partner so, wie Sie Ihren Hund rufen würden, und umgekehrt. Sie werden staunen, wie wenig nur noch bei Ihnen ankommt. Hunde hören ähnlich wie Menschen. Lediglich der Frequenzbereich nach oben und unten ist größer.

Vokabeln lernen

Sie haben sich für ein Wort oder ein Pfeifsignal entschieden. Nun müssen Sie Ihrem Hund die Bedeutung dieser Vokabel erklären.

Nehmen Sie Ihren Hund an die Leine. Anfangs genügt eine Fünf-Meter-Leine. Sie haben besonders gute Leckerchen dabei und befinden sich auf einer Wiese ohne Ablenkung.

Nun sprechen Sie Ihren Hund mit Namen an und sagen danach „Hier" oder Sie pfeifen. Bitte nur ein Mal! Das „Hier" sollte so gerufen werden, wie Sie es auch später rufen möchten. Ansonsten ist es anfangs für den Hund schwer zu verstehen, dass ein abgehacktes „Hier" das Gleiche bedeutet wie ein „Hiiiiiaaaa". Entscheiden Sie sich für eine Variante.

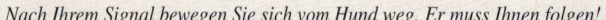

Nach Ihrem Signal bewegen Sie sich vom Hund weg. Er muss Ihnen folgen!

Nachdem Sie Ihr Signal gegeben haben, bewegen Sie sich sofort rückwärts vom Hund weg. Das wird Ihren Hund neugierig machen, Ihnen zu folgen.

Ist Ihr Hund bei Ihnen angekommen, bestätigen Sie ihn sofort mit einem Leckerchen.

Hunde sind auf Bewegung „programmiert". Sie nehmen Bewegung wesentlich besser wahr als unbewegte Objekte. Deshalb sollten Sie beim Rückrufen Ihres Hundes nicht wie angewurzelt in der Landschaft stehen bleiben. Es ist dann meistens kein „Ungehorsam", wenn Ihr Hund an Ihnen vorbeirennt – er sieht Sie schlicht und ergreifend nicht. Machen Sie es Ihrem Hund leicht, zu Ihnen zu kommen: Bewegen Sie sich beim Rufen immer leicht weg von ihm, sodass er Ihnen folgen muss. Damit schlagen Sie zwei Fliegen mit einer Klappe: Sie geben sich Ihrem Hund eindeutig zu erkennen (Bewegung), Sie lösen in ihm eine gewisse Gruppendynamik aus – er will Ihnen folgen.

Hunde untereinander machen es nicht anders. Beobachten Sie einmal Hunde im Jagdspiel: Sie schauen sich auf Distanz an, nach erfolgter Kontaktaufnahme (Blickkontakt) rennt der Initiator des Spiels ganz schnell in die entgegengesetzte Richtung, der andere Hund folgt ihm.

Bitte kein Sitz fordern! Ihr Hund soll für das Ankommen bei Ihnen bestätigt werden, nicht für ein Sitzen. Das muss Ihr Hund erst einmal verinnerlichen, dass er beim Kommen direkt belohnt wird. Wichtig! „Hier" bedeutet immer hier – also direkt bei Ihnen vor Ihren Füßen. Es gibt kein bisschen Hier oder ein halbes Hier.

Ihr Hund ist bei Ihnen – sofort bekommt er dafür seinen Lohn.

Wenn Ihr Hund besser mit Spielzeug zu bestätigen ist, sollten Sie Folgendes beachten: Ist Ihr Hund bei Ihnen angekommen, ziehen Sie sofort das Spielzeug aus der Tasche und spielen sofort mit ihrem Hund. Werfen Sie das Spielzeug jedoch nicht!

Wenn Ihr Hund das Spielzeug nach Aufforderung nicht ausgibt, sollten Sie diese Variante der Verstärkung nicht eher einsetzen, bis Ihr Hund gelernt hat, Spielzeug ohne Druck auszugeben. Nehmen Sie dann doch besser Leckerchen, die Ihr Hund wirklich mag – wie Sie das herausfinden, ist im Kapitel „Belohnung" beschrieben.

Nach der Bestätigung schicken Sie ihn wieder mit einem fröhlichen „Lauf!" von sich weg.

Hat Ihr Hund das Signal für Zurückkommen in Gegenden ohne Ablenkung sehr gut verstanden – es muss ihn förmlich „reißen" (je nach Rasse genügt auch ein direkt eingeleiteter Bogen zu Ihnen – Herdenschutzhunde sind eben nicht so spritzig wie mancher Border Collie), wenn Sie ihn rufen –, dann können Sie anfangen, die Umweltreize zu steigern. Wichtig ist, dass der Hund langsam an die verschiedenen Ablenkungen herangeführt wird und Sie von ihm nicht gleich Unmögliches verlangen. Denken Sie daran, dass Hunde umweltbezogen lernen! Was er ohne Ablenkung prima macht, wird er noch lange nicht unter großer Ablenkung ausführen. Steigern Sie zu früh die Anforderung, steigt der Frust bei Ihnen, der Hund wird nicht mehr gerne kom-

Schicken Sie Ihren Hund wieder mit einem Signal los. Er darf nun wieder tun, was er möchte.

men und das alte Lied beginnt von vorn: Ihr Hund mag nicht kommen, weil er entscheiden muss, ob Sie nun gut gelaunt oder wieder genervt sind. Diese Wahl dürfen Sie Ihrem Hund nicht lassen – er muss wissen, dass es bei Ihnen immer gut ist.

Verlängerung des Wartens

Wenn Sie Ihren Hund zu sich rufen, hat es einen bestimmten Grund. Er soll zu Ihnen kommen, weil Sie ihn anleinen möchten oder weil Menschen, Radfahrer kommen, und er soll warten. Deshalb ist es wichtig, die Leckerchen nicht mehr sofort zu geben. Haben Sie die erste Übungsphase gemeistert (siehe vorheriges Kapitel) und Ihr Hund hat die Vokabel verstanden, dann müssen Sie beginnen, erstens die Leckerchen für das Kommen langsam abzubauen und zweitens den Hund nach dem Kommen sitzen zu lassen.

Dabei ist es wichtig, dass Ihr Hund ein zuverlässiges Sitz direkt beim ersten Mal ausführt. Sollte das Sitz noch nicht klappen oder Sie haben wie beim alten Komm-Signal keine Konsequenz walten lassen, müssen Sie das Sitz mit einer neuen „Vokabel" noch einmal neu aufbauen (siehe Kapitel „Aufbau eines Signals").

Rufen Sie Ihren Hund, bewegen sich von ihm weg, und ist er bei Ihnen angekommen, loben Sie ihn verbal. Ihr Hund erwartet jetzt eigentlich das Leckerchen.

Er wird Sie erwartungsvoll anschauen, dabei sagen Sie Sitz. Dafür gibt es sofort die Bestätigung, wenn er seinen Po auf den Boden gebracht hat. Beachten Sie dabei, dass das Leckerchen in der Sitzposition gegeben wird. Sie wollen Ihren Hund für das Sitzen bestätigen, nicht für das Aufstehen!

Ihr Hund erwartet nun eigentlich ein Leckerchen von Ihnen. Jetzt muss er das Warten lernen.

Nun lassen Sie Ihren Hund sitzen. Bestätigen Sie ihn nun in der Sitzposition mit einem Leckerli.

Schicken Sie Ihren Hund gleich wieder mit einem „Lauf!" los. Springt Ihr Hund trotzdem weiter an Ihnen herum, beachten Sie ihn einfach nicht. Er darf sich ja nun wieder seinen eigenen Beschäftigungen widmen.

Zusammenfassung – Trainingsaufbau Rückruf

1. Vokabel lernen
Beginnen Sie auf einer ruhigen Wiese.

- Rufen Sie Ihren Hund mit Ihrer neuen Vokabel (Bello – Hier) oder mit der Pfeife.
- Rufen/Pfeifen Sie nur ein Mal!
- Bewegen Sie sich rückwärts vom Hund weg.
- Bestätigen Sie Ihren Hund sofort, wenn er bei Ihnen angekommen ist.
- Schicken Sie ihn gleich mit einem „Lauf!" und einer ausladenden Handbewegung los.

2. Vokabel festigen
Steigern Sie die Umweltreize:

- Wiese mit Rad- und Fußgängerweg in der Nähe
- Im Wald
- Im Park

3. Wartezeit beim Hundeführer verlängern

- Bestätigen Sie Ihren Hund nur noch, wenn Sie ihn haben sitzen lassen.

- Achten Sie auf Blickkontakt – siehe Übung „Namenspiel".
- Schicken Sie ihn nach einigen Sekunden mit „Lauf!" wieder los.

4. Kommen und Warten festigen

- Bestätigen Sie variabel: Geben Sie in den nächsten zwei Wochen nur noch jedes zweite Mal für das Kommen und Sitzen ein Leckerchen.
- Danach die nächsten zwei Wochen nur noch jedes dritte Mal für das Kommen und Sitzen ein Leckerchen und so weiter. Variieren Sie auch die Leckerchen: einmal etwas besonders Gutes, dann etwas „Normales". In Ihrer Belohnungsliste haben Sie ja die Auswahl bei Ihrem Hund aufgeschrieben. Jeden Tag Champagner und Kaviar kann auf die Dauer auch langweilig werden.

Wichtig!

Rufen Sie Ihren Hund nicht immer, wenn gerade etwas Interessantes auf dem Weg passiert. Es kann vorkommen, dass er damit mehr Aufmerksamkeit der Umwelt schenkt, um dann im ungünstigsten Augenblick loszustarten. Machen Sie die Abrufübung nicht öfter als drei- bis viermal während eines Spaziergangs. Gehen Sie jeden Tag gemeinsam spazieren! Nehmen Sie auch Teil an der Welt Ihres Hundes. Bleibt Ihr Hund stehen und schnüffelt interessiert, so gehen Sie zu ihm hin und schauen auch einmal, was da so interessant ist. Bei Hunden ist das auch so: Hat ein Hund ein vielversprechendes Mauseloch gefunden, so kommen die anderen Hunde auch nach. Versuchen Sie es einmal umgekehrt: Bleiben Sie stehen und schauen sich einmal ganz fasziniert einen Baum oder einen Busch an. Wenn Ihr Hund das merkt, wird er kommen, um nachzuschauen, was Sie denn da gerade Tolles sichten.

Langsamer werden oder Stopp – den Radius einhalten

Machen Sie etwa 1,5 Meter vor dem Ende einen Knoten in die Leine. Dieser Knoten ist für Sie das Zeichen, dass Sie Ihrem Hund nun sagen müssen, dass er langsamer werden muss. Das ist eigentlich eine der leichteren Übungen, die einem auf dem Spaziergang in Leib und Seele übergehen. Je öfter Sie dies tun, desto eher hat Ihr Hund verstanden, was Sie von ihm erwarten.

Übungsaufbau:

Sie spüren den Knoten in Ihrer Hand und sagen zu Ihrem Hund: „Bello – laaangsam", danach bleiben Sie kurz stehen. (Auf jedes Signal muss eine Konsequenz folgen – hier das Stehenbleiben.)

Ihr Hund sollte nun auch stehen bleiben, ein Blick zurück zu Ihnen – sofort loben.

Hier wäre der Einsatz eines Clickers die genaueste Form, dem Hund mitzuteilen, was er richtig gemacht hat.

Schicken Sie ihn nach dem Lob gleich wieder mit einem „Lauf" weiter.

Wichtig!

An der Zehn-Meter-Leine wird nicht gezogen – es wird grundsätzlich an keiner Leine gezogen. Zieht Ihr Hund an der Zehn-Meter-Leine, sollten Sie das Orientierungstraining vertiefen! Für Ihren Hund muss die Zehn-Meter-Leine selbstverständlich sein.

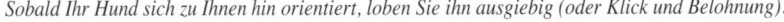

Sobald Ihr Hund sich zu Ihnen hin orientiert, loben Sie ihn ausgiebig (oder Klick und Belohnung).

Nach dem Signal „Stopp" müssen Sie stehen bleiben.

So bringen Sie ihm ganz „nebenbei" noch ein wichtiges Signal bei – das Langsamerwerden.

Varianten:

Möchten Sie, dass Ihr Hund anhält auf „Stopp", dann sagen Sie statt „Laaangsam" eben „Stopp" und bleiben stehen. Das sollten Sie zunächst an der normalen Zwei-Meter-Leine üben.

Vokabeln lernen

Sie laufen mit Ihrem Hund an der Zwei-Meter-Leine, sagen „Stopp" und bleiben stehen.

Ihr Hund sollte nun auch stehen bleiben.

Gehen Sie zu Ihrem Hund und geben ihm in dieser Steh-Position das Leckerchen. Ihr Hund muss lernen, nach einem Stopp stehen zu bleiben und

darauf zu warten, bis Sie bei ihm sind oder bis Sie das Signal später auflösen.

Heben Sie die Übung mit einem „Weiter" auf. Funktioniert die Stopp-Übung an der Zwei-Meter-Leine (Stopp – Hingehen – Leckerchen – Weiter), nehmen Sie eine Fünf-Meter-Leine und üben das Gleiche auf weiterer Entfernung. Klappt das wiederum sehr gut, können Sie die Zehn-Meter-Leine zum Üben benutzen.

Wichtig ist, dass Ihr Hund lernt, auf weitere Anweisung von Ihnen zu warten oder dass Sie zu ihm kommen.

Solange Ihr Hund weder zuverlässig kommt noch Sie wirklich im Freilauf beachtet: Die Schleppleine ist in jeder Situation an Ihrem Hund. Lassen Sie Ihren Hund keinen Fehler machen. Das gilt für Welpen wie für ältere Hunde. So haben Sie Ihren Hund immer unter Kontrolle und können besonders am Anfang rechtzeitig eingreifen.

Bei „Stopp" bleibt Ihr Hund stehen, Sie können nun zu ihm hingehen. Belohnen Sie Ihren Hund auch in dieser Position.

Aufbautraining

Vielfach haben Hunde kein Problem damit, ohne große Ablenkung an der Schleppleine zurückzukommen. Sobald allerdings ein anderer Hund dabei ist, sieht die Sache schon anders aus. Wir haben in unserer Hundeschule das Glück, viel Platz außen herum zu haben, und einen netten Landwirt, der sich nicht beschwert, wenn wir auf den frisch gemähten Feldern üben. Je öfter man das Zurückkommen an der Leine in der Gruppe übt, desto besser klappt das Herausrufen aus dem Spiel später auch ohne Leine.

Schleppleinentraining in der Gruppe – freies Feld

Wie soll das nur funktionieren, ohne einen „Bandsalat" zu fabrizieren? Ganz einfach: Erstens brauchen Sie viel Platz. Zweitens genügend Routine im Umgang mit der Schleppleine – dann ist das Training kein Problem. Sie können zu dritt gut auf einer frisch (!) abgemähten Futterwiese üben. Der Ablauf ist im Prinzip ganz einfach: Sie stehen mit Ihren Hunden an der Schleppleine so weit auseinander, dass die Hunde sich problemlos in der Mitte treffen können.

Dabei ist die Schleppleine fast ganz ausgenutzt. Treffen sich die Hunde in der Mitte, lassen Sie sie ein wenig aneinander schnüffeln und anspielen –

achten Sie darauf, dass es zu keinen Verwicklungen kommt –, dann rufen Sie Ihre Hunde ab. Anfangs werden Sie noch ein wenig nachhelfen müssen – bitte achten Sie darauf, dass Sie vor allem bei einem kleineren Hund keine Flugstunde daraus machen. Holen Sie Ihren Hund sanft zurück. Denken Sie daran, dass Sie sich von den Hunden entfernen, wenn Sie sie rufen. Feuern Sie Ihren Hund an, wenn er es geschafft hat, sich von den anderen Hunden zu trennen, und auf Sie zugelaufen kommt. Auch wenn Sie helfen mussten und ihn daran erinnert haben, dass Sie „die Macht" haben: Loben Sie ihn ausgiebig, wenn er bei Ihnen ist. Schicken Sie Ihren Hund sofort wieder los. Er möchte ja gerne mit den anderen Hunden zusammen sein.

Beim Training in der Gruppe sollten Sie so weit auseinander stehen, um keinen „Bandsalat" zu produzieren.

Als Variante können Sie auch in einer Gruppe trainieren, wo nur Ihr Hund an der Schleppleine ist. Dabei müssen allerdings die anderen Hunde so weit trainiert sein, dass diese auch ohne Probleme aus einer spielenden Gruppe herauszurufen sind. Alles andere wäre extrem kontraproduktiv für Sie, da Ihr Hund dann ständig von nicht abrufbaren Hunden bedrängt wird. Zudem sollten Sie darauf achten, dass sich die Hunde nicht in der Leine verwickeln. Als Ungeübter mit der Schleppleine sollten Sie auf diese Übung am Anfang verzichten.

Stuhlkreis

Bilden Sie einen Stuhlkreis mit etwa fünf bis sechs Meter Durchmesser. Alle Hunde sind an einer fünf Meter langen Leine und bei ihren Menschen, die auf dem Stuhl sitzen. Nun wird lediglich ein einziger Hund losgeschickt, er darf sich frei bewegen und wird nach etwa fünf Sekunden wieder zurückgerufen. Ist er bei Ihnen angekommen, gibt es sofort ein tolles Leckerchen. Anfangs werden Sie Ihren Hund noch „zurückangeln". Nach ein paar Übungseinheiten wird Ihr Hund verstehen, worum es geht: das Zurückkommen.

Das Losschicken und Zurückrufen machen Sie immer reihum. Während der eine Hund sich bewegen darf, ist es zusätzlich noch eine Übung der Impulskontrolle für die anderen Hunde. Achten Sie darauf, dass die „arbeitslosen" Hunde sich aufmerksam mit ihren Menschen beschäftigen und umgekehrt. Im Laufe der Übungseinheiten verkleinern Sie den Stuhlkreis auf einen Durchmesser von etwa drei Metern und machen dieses Spiel. Es ist wichtig, dass Ihr Hund lernt, dass der Spaß nicht vorbei ist, wenn er aus einer Hundegruppe herausgerufen wird.

Im Stuhlkreis wird das Warten und das Zurückkommen trainiert.

Bei der Durchführung des Schleppleinentrainings bei Aggressionsproblemen ist es wichtig, immer mit einem großem Abstand zu beginnen, bei dem der Hund noch nicht reagiert, sondern ganz entspannt ist.

Schleppleinentraining
bei Aggressions-
problemen

Aggression gegenüber Menschen und Artgenossen ist wohl das schwierigste und in den meisten Fällen sehr ernst zu nehmende Thema. Wenn Sie wissen, dass Ihr Hund überproportional aggressiv reagiert, sollten Sie etwas ändern. Viele Menschen gehen dann nur noch mit ihrem Hund zu den Zeiten spazieren, wenn sie sonst niemanden treffen. Viel besser könnten Sie die Zeit nutzen, indem sie ein Training mit ihrem Hund absolvieren, in dem Folgsamkeit und Aufmerksamkeit geübt wird. Im nachfolgenden Kapitel erkläre ich Ihnen den Weg der Desensibilisierung und Gegenkonditionierung.

Hierbei werden ganz kleine Trainingsschritte unternommen, um die unangenehmen Gefühle, die Ihr Hund durch Aggression zum Ausdruck bringt, durch – im Idealfall – angenehme Gefühle zu ersetzen. Bei Hunden mit Aggressionsproblemen ist es unabdingbar, dass sie auf Signal sich abwenden können, dass sie gut ansprechbar sind und gern den Zeichen ihres Menschen folgen. Das heißt für Sie, dass Sie immer freundlich und souverän mit Ihrem Hund umgehen. Gerade bei Aggressionsproblemen.

Gefühle verändern

Das im Kapitel „Orientierungstraining" beschriebene Training ist besonders für Hunde mit Aggressionsproblemen grundlegend. Dieses Training müssen Sie unbedingt durchführen. Die zweite Übung, die Sie trainieren sollten, ist das Namenspiel aus dem Kapitel „Begleitendes Training". Für Ihren Hund muss hundertprozentig klar sein, dass sein Name etwas besonders Gutes bedeutet. Disziplinie-

Wichtig!
Bevor Sie mit dem Training bei Agressionsproblemen beginnen, sollten Sie Ihren Hund beim Tierarzt gründlich untersuchen lassen. Sie soll-

ten auch ein großes Blutbild machen und die Schilddrüse prüfen lassen. Häufig sind gesundheitliche Probleme (besonders oft der Schilddrüse) Auslöser für agressives Verhalten.

Diese Drohgebärde ist eindeutig: Der Hund wehrt sein Gegenüber ab. (Foto: Gutmann)

ren Sie sich selber: Reden Sie nicht den lieben langen Tag auf Ihren Hund ein. Seien Sie sparsam im Umgang mit Worten. Wenn Sie etwas zu Ihrem Hund sagen, sollte es etwas Wichtiges sein. Ansonsten degradieren Sie sich selbst zum Hintergrundgeräusch. Wie soll Ihr Hund wissen, wenn Sie den ganzen Tag mit ihm sprechen und es nicht bedeutsam für ihn ist, dass es bei so wichtigen Dingen wie Anschauen oder Sitzen auch wirklich für ihn ernst ist? Sicherlich kennen Sie einige Situationen, wo Sie Ihren Hund ansprechen mit: „Bello, ist das nicht schön hier?" oder: „Jetzt haben wir aber tolles Wetter, gell, Bello?" Ihr Hund versteht Sie nicht. Er versteht nur, dass mal wieder sein bedeutungsloser Name gefallen ist und nichts passiert. Wie soll er unterscheiden zwischen konsequenzfreien Sätzen wie oben und einem wichtigen „Bello, Sitz"? Wenn Sie dann auch noch anfangen, wenn Ihr Hund gerade bellend in der Leine hängt, ihn mit „Bello, Aus!", „Bello, Pfui!" anzuschreien, erklären Sie Ihrem Hund auch noch, dass Sie genauso aufgeregt sind wie er – damit verstärken Sie nur noch das Verhalten. Seltsamerweise machen das Menschen oft jahrelang, ohne dass sich das Gebaren (an der Leine böse bellen) ändert. Denken Sie daran: Hunde lernen durch Verknüpfung! Welche Verknüpfung macht also Ihr Hund, wenn Sie ihn für Bellen an der Leine, für Grummeln bei der Begegnung mit anderen Hunden anschreien oder, schlimmer noch, bestrafen?

1. Herrchen/Frauchen ist genauso aufgeregt wie ich. 2. Der fremde Hund ist böse. Machen Sie das oft genug, erklären Sie Ihrem Hund, dass alle fremden Hunde böse sind. Im schlimmsten Fall erziehen Sie sich einen Hund, der im Freilauf alle ihm entgegenkommenden Vierbeiner sofort ohne Vorwarnung niedermacht. Er hat es ja nicht anders

gelernt. Nebenbei bekommt er auch immer wieder das Feedback, dass sich diese Strategie für ihn lohnt, wenn er häufig der „Sieger" bei solchen Auseinandersetzungen ist. Dann wird die Diagnose gestellt: Der Hund ist dominant und gehört also besonders hart erzogen. Bitte schauen Sie einmal in Ihr tiefstes Inneres und überlegen sich, ob Sie als Halter es nicht auch insgeheim toll finden, so einen „dominanten" Hund Ihr Eigen zu nennen. Oft liegt darin auch ein Grund, warum Ihr Hund immer wieder losstreitet – weil Sie ihn lassen. Ändern Sie Ihre Sichtweise! Es ist für die Umwelt nicht sehr angenehm, solchen Hunden zu begegnen.

Ein Hund, der ständig angerüpelt wird, kann ähnlich aggressiv reagieren, nur aus einem anderen Beweggrund. Man nennt ihn dann womöglich „Angstbeißer", wobei er einfach eine Strategie entwickelt hat: Angriff ist die beste Verteidigung. Diese Hunde assoziieren mit dem Anblick eines Hundes oder nur eines Hundetypus gleich schlechte Gefühle und Angst. Dem will der Hund entfliehen, kann aber meist nicht. Deshalb wird entweder an der Leine getobt – Hund möchte, dass das Angsteinflößende schnell verschwindet –, oder im Freilauf wird gleich ohne Vorwarnung ebenfalls drauflosgefletscht und -geprügelt. Mit dem Ergebnis, dass sich die meisten Hunde fernhalten. Auch hier hat der ängstliche Hund erreicht, was er benötigt hat: Distanz zu den Furcht einflößenden anderen Hunden. Vielfach werden auch diese Hunde, die aus Angst heraus in die Offensive gehen, als „dominant" betrachtet. Bitte merken Sie sich folgenden Satz: Hunde tun, was sie tun. Sie können nicht aus ihrer Haut heraus, sie verstehen uns nicht, wenn wir mit ihnen reden. Deshalb sind wir Menschen gefragt, unseren Hunden aus diesen misslichen Situationen zu helfen. In freier Wildbahn könnten

Hunde sich aus dem Weg gehen. In unseren Städten und Dörfern, häufig mit Leinenzwang belegt, ist das leider nur bedingt der Fall.

Wir versuchen mit Schleppleinentraining, langsam und für jeden Hund angepasst, erstens wieder ein wenig Freiheit für solch schwierige Kandidaten zu erreichen. Die meisten Hunde mit solchen Problemen kommen nur an der Zwei-Meter-Leine an die frische Luft. Zweitens müssen wir unseren Hunden die schlechten Gefühle gegenüber fremden Hunden nehmen und sie allmählich durch gute Gefühle ersetzen. In den meisten Fällen funktioniert das erfolgreich durch Futter. Fressen ist ein primäres Bedürfnis eines jeden Lebewesens. Essen macht glücklich!

**Zusammenfassung –
Start für die Desensibilisierung**

◆ Machen Sie das Orientierungstraining.

◆ Machen Sie das Namenspiel – der Name ist nur noch positiv für Ihren Hund.

◆ Bauen Sie die Übung „Sitz" neu und nur positiv auf! Nehmen Sie dafür ein neues Wort; Es kann auch ein italienisches oder griechisches sein. Ihr Hund muss das Sitzen auf Signal nur positiv verbinden und es auch immer zuverlässig überall ausführen. Siehe Kapitel „Aufbau eines Signals".

Orientierungstraining für aggressive Hunde

Im Kapitel „Orientierungstraining" für alle Altersklassen ist das Training für den „Normalo-Hund" samt Trainingsplan beschrieben. Das Training für aggressive Hunde basiert darauf. Achten Sie zu Beginn darauf, dass Sie sich eine Wiese mit gar keiner Ablenkung (kein Radweg in der Nähe, Natur) suchen. Sie haben Ihren Hund, die Zehn-Meter-Leine und genügend wirklich gute Leckerchen. Alles steht und fällt mit der Motivation Ihres Hundes! Das Schema des Orientierungstrainings finden Sie im Kapitel „Orientierungstraining".

Trainieren Sie zu Beginn immer an Orten, wo keine Ablenkung für den Hund vorhanden ist. Die Ablenkung wird im Laufe des Trainings immer weiter gesteigert. Gehen Sie dabei ganz langsam vor.

Wir wollen mit dem nachfolgenden Trainingsplan den aggressiven Hund ansprechbarer machen und davon überzeugen, dass fremde Menschen oder Hunde gar nicht so schlimm sind. Ihr Hund soll lernen, Gutes mit anderen Hunden/Menschen zu verbinden und den Kontakt zu Ihnen zu suchen.

Ablenkungsstufen – Trainingsdauer

1. Wiese ohne Ablenkung – etwa zwei bis drei Wochen Orientierungstraining wie oben.

Eine Wiese ohne Ablenkung finden Sie meistens außerhalb der Ortschaft oder in abgelegenen Teilen von Parkanlagen. Wenn Sie in innerstädtischen Parkanlagen üben, achten Sie bitte darauf, dass Sie wirklich keinen frei laufenden Hunden begegnen. In Großstädten findet sich immer irgendwo ein Stückchen Wiese, das nicht frequentiert ist. Fahren Sie außerhalb auf Wiesen, dann vergessen Sie Ihre Kotbeutel nicht und achten darauf, dass die Wiese relativ kurz geschnitten ist. Wiesen, die schon mehr als Knöchelhöhe haben, sollten Sie nicht mehr betreten. Das sind Futterwiesen und Landwirte

Üben Sie in Gegenwart eines anderen Hundes Dinge, die Ihr Hund schon kann, und belohnen ihn dafür auch immer wieder. Dieser Jagdterrier ist für ein Stück Käse bereit, konzentriert zu arbeiten ohne auf den anderen Hund zu achten.

reagieren nicht immer freundlich, wenn man mit seinem Hund über diese Wiesen läuft. Suchen Sie sich drei bis vier verschiedene Trainingsplätze.

2. Wiese mit fremdem Mensch oder Hund – Orientierungstraining.

Sprechen Sie sich mit einem Freund ab, der Ihnen behilflich sein soll. Besprechen Sie vorher gemeinsam die Dinge, die Sie trainieren wollen: 1. Ort des Trainings. Sie müssen an unterschiedlichen Stellen parken – außer Sichtweite. 2. Was soll Ihr Helfer tun? Machen Sie Ihrem Helfer dafür einen kleinen Handzettel. 3. Wie lange wollen Sie trainieren? Ansonsten ist eine Kommunikation mittels Handy auch immer eine sehr gute Angelegenheit, um vielleicht einmal spontan vorgehen zu können. Sie sollten auf gar keinen Fall Anweisungen über 100 Meter Entfernung versuchen zu brüllen – das hilft überhaupt nicht und macht Ihren Hund nur nervös.

Fahren Sie mit Ihrem Hund zu einer ruhigen Wiese. Lassen Sie Ihren Hund aussteigen und ihn erst einmal in Ruhe schnüffeln und die Umgebung erkunden. Natürlich ist Ihr Hund dabei an der Schleppleine. Ihr Helfer hat an einem anderen Ende der Wiese geparkt und ist so weit von Ihnen entfernt (mit oder ohne Hund, je nachdem, auf was Ihr Hund aggressiv reagiert), dass Ihr Hund noch nicht auf die Person/den Hund anspringt. Beginnen Sie mit zwei bis drei Runden des Orientierungstrainings und trainieren Sie dann ein paar Übungen wie Sitz und Platz. Reagiert Ihr Hund auf Menschen, sollte Ihr Helfer sich die ganze Zeit auf der Wiese bewegen, aber immer in dem vereinbarten Abstand.

Hat Ihr Hund mit anderen Hunden ein Problem, so reicht es, den Helfer mit Hund stehen zu lassen. Der Helferhund sollte natürlich nicht seinerseits auch aggressiv auf andere Hunde reagieren.

Die Trainingseinheiten (Orientierungstraining und ein paar kleine Übungen) sollten Sie nicht länger als allerhöchstens zehn Minuten lang durchführen. Ihr Hund darf nicht reagieren. Wenn Sie merken, dass Ihr Hund nervös wird und ständig zum Helfer schaut, toben Sie noch ein wenig mit ihm herum und bringen ihn dann ins Auto. Es ist enorm wichtig, dass Sie Ihren Hund immer im ruhigen Zustand zum Auto bringen. Haben Sie gerade nur fünf Minuten trainiert – macht nichts! Hauptsache, Ihr Hund geht ruhig ins Auto. Wenn Sie glauben, Ihr Hund hätte damit nichts gelernt – falsch! Er hat gelernt, in Anwesenheit eines Menschen/Hundes ruhig und nicht aggressiv zu sein – Lernen findet immer statt. Es reicht auch schon am Anfang, beim gemeinsamen Training einen anderen Hund Platz machen zu lassen. Ihr Hund wird den fremden Hund wahrnehmen – denken Sie daran, dass Hunde eine wesentlich andere und feinere Wahrnehmung haben. Es reicht völlig, diesen anderen Hund zu wittern, vielleicht seine Silhouette im Gras liegen zu sehen – solange Ihr Hund dabei ruhig und entspannt ist. Ist Ihr Hund aggressiv gegenüber Menschen, so sollten Sie auch hier nur mit einem Menschen beginnen.

Üben Sie während der kurzen Einheiten Dinge, die Ihr Hund schon kann, oder verfeinern Sie neue Übungen. Wichtig ist nur, dass Sie in Gegenwart des Auslösers etwas mit Ihrem Hund tun und dieses auch immer belohnen. Vergessen Sie nicht, besonders gute Leckerchen einzupacken. Essen macht glücklich.

Diese Übung sollten Sie zwei- bis dreimal täglich wiederholen – bitte lassen Sie aber mindestens eine Stunde Erholungspause zwischen den Trainingseinheiten. Bitte kein Spazierengehen, kein Ballspiel oder anderes. Ihr Hund soll sich ausruhen. Vergessen Sie nicht, direkt aufzuschreiben, was Sie trainiert haben, mit wem, wo und wie lange. Schreiben Sie ungewöhnliche Vorkommnisse auf, wie Ihr Hund und Sie reagiert haben.

Mögliche Probleme und Lösungen

Ihr Hund springt los, bellt, hängt in der Leine und will zu dem Menschen/Hund?

Bleiben Sie ruhig stehen, reden Sie nicht mit dem Hund, sprechen Sie ihn nicht an. Sie sind der Fels in der Brandung und warten einfach, bis Ihr Hund sich wieder beruhigt hat und sich zu Ihnen wendet. Sie können auch als „Schnelllösung" den Abstand erhöhen. Das ist zwar nicht gerade das, was wir wollten, weil Ihr Hund ja nun erfährt, dass seine Bellerei ihn wieder auf Abstand bringt. Sie sollten sich für das nächste Mal den Abstand in Ihr Traingsbuch schreiben. Ist Ihr Hund nun ruhig, rufen Sie ihn freundlich. Nun lassen Sie ihn etwa drei Übungen hintereinander machen, zum Beispiel Sitz, Platz, Pfotegeben. Belohnen Sie ihn für das Pfotegeben. Es ist wichtig, dass Sie nach solch einem Vorkommnis Ihren Hund noch einmal etwas anderes machen lassen, damit der zeitliche Abstand zwischen Aggression und Belohnung groß genug ist. Ansonsten können Sie sich ungewollt eine unangenehme Verhaltenskette aufbauen: Hund anbellen – Frauchen/Herrchen anschauen = Belohnung. Damit hätten wir genau das Gegenteil von dem erreicht, was wir eigentlich wollen.

Sollte diese Überreaktion passieren, dann waren Sie zu nah am Auslöser oder etwas anderes ist passiert: Waren Sie vielleicht genervt, gestresst oder ein wenig ängstlich zu dem Zeitpunkt? Überprüfen Sie Ihre Aufzeichnungen und beginnen Sie das nächste Training wieder mit mehr Abstand und besser gelaunt.

Ablenkung steigern/ Abstand verringern

Beginnen Sie langsam die Anforderungen zu steigern. Beachten Sie dabei aber, dass Sie immer nur eine Anforderung ändern sollten: Wenn Sie auf neuem Gebiet trainieren, halten Sie mehr Abstand zum Helfer/Hund ein. Ihr Hund hat genug damit zu tun, die neue Umgebung wahrzunehmen und mit Ihnen zu arbeiten. Wenn Sie eine Anforderung steigern, müssen Sie immer etwas anderes leichter machen. Sie sollten also auf ungewohntem Gebiet keine neuen Übungen beginnen. Machen Sie Dinge, die Ihr Hund wirklich gut kann. Hauptsache, Ihr Hund ist beschäftigt. Üben Sie Dinge mit dem Clicker: Hand mit der Nase anstupsen, Anschauen, Pfoteheben oder lassen Sie Ihren Hund nach Leckerchen suchen.

In den nächsten Trainingseinheiten lassen Sie Ihren Helfer etwas näher kommen. Denken Sie daran, dass Sie sich auf Ihren Hund konzentrieren! Erwarten Sie nicht ängstlich eine Reaktion von Ihrem Hund – wenn Sie das tun, wird es auch passieren. Arbeiten Sie weiter mit Ihrem Hund und belohnen Sie ihn immer für gutes Benehmen, gute Übungen, Kooperationsbereitschaft. Gehen Sie aber nicht zu schnell vor. Beobachten Sie Ihren Hund, und wenn Sie merken, dass er nervös wird, machen Sie noch ein paar bekannte und einfache Übungen und beenden das Training. Suchen Sie sich drei bis vier Trainingsplätze aus, auf denen Sie immer wieder mit Ihrem Helfer (am besten wechselnde Helfer) trainieren. Einen Hund zu desensibilisieren bei solch einem Problem kann schon einige Monate dauern. Schließlich ist dieses Problem nicht über Nacht aufgetaucht – es konnte sich über Monate und meistens auch über Jahre festigen. Beginnen Sie mit dem folgenden Kapitel erst dann, wenn Sie den stehenden Menschen/anderen Hund in einem Abstand von etwa fünf Metern ruhig passieren können.

Parallel laufen

Bisher haben Sie immer nur Übungen auf der Stelle gemacht. Es wird Zeit, dass wir uns bewegen. Bitten Sie einen zweiten Helfer – am besten ein Familienmitglied oder guten Freund, den der Hund sehr mag –, mit Ihnen zu trainieren. Fahren Sie auf einen Trainingsplatz, den Ihr Hund besonders gern hat und auf dem möglichst wenig Ablenkung herrscht. Ihr erster Helfer stellt sich parallel zu Ihnen auf, in einem Abstand, in dem Ihr Hund noch nicht reagiert. Ihr zweiter Helfer, Familienmitglied oder Freund, stellt sich mittig als eine Art Barriere dazwischen. Denken Sie daran, je nachdem, wie nah Sie zueinander sind, die Leine auch zu verkürzen, sodass Ihr Hund nicht an den fremden Menschen oder Hund gelangen kann, falls Ihr Hund doch reagieren sollte.

Gehen Sie zusammen los, immer parallel zueinander, den freundlichen Menschen immer in der Mitte. Beginnen Sie mit dem Abstand zueinander wie in Ihrer allerersten Trainingseinheit. Bitte bewegen Sie sich dabei immer recht langsam. Warum? Je schneller Sie laufen, desto aufgeregter und hekti-

Halten Sie genügend Abstand zum Auslöser und arbeiten Sie ruhig und konzentriert mit Ihrem Hund. In der Mitte läuft als „Trenner" der zweite Helfer.

scher wird die Trainingssituation und Ihr Hund neigt schnell dazu, zu reagieren. Schaut Ihr Hund Sie an, sollten Sie ihn sofort dafür bestätigen (Leckerchen). Am genauesten geht das mittels Clicker. Der Clicker hat dabei noch den Vorteil, dass das „Klick" im Hund sowieso gute Gefühle und freudige Erwartung auslöst (siehe Kapitel „Clickertraining").

Wenn Sie einige Male so auf und ab gelaufen sind, beenden Sie die Trainingseinheit und machen eine mindestens einstündige Pause. Trainieren Sie dieses Parallellaufen auf Ihren anderen Übungswiesen. Verringern Sie dabei langsam die Distanz.

Als nächste Variante sollten Sie Folgendes üben: Wenn Ihr Hund in einem akzeptablen Abstand (etwa drei bis fünf Meter) parallel mit einem Menschen beziehungsweise einem Hund laufen kann, auf allen Übungsplätzen, dann fügen Sie einen zweiten Menschen/Hund hinzu. Beginnen Sie auch hier wieder an dem Lieblingsplatz Ihres Hundes mit genügend Abstand. Also beginnen Sie in dem Abstand, den Sie ganz zu Beginn Ihres Trainings hatten. Normalerweise kann man recht schnell dazu übergehen, den Abstand wieder zu verringern. Achten Sie aber immer darauf, dass Sie rechtzeitig die

Beide Hunde interessieren sich nicht füreinander. Der Helfer in der Mitte „trennt" optisch.

Lenken Sie Ihren Hund mit einer Leckerchensuche ab, während Ihr Helfer an Ihnen vorübergeht.

Übungseinheit beenden, wenn Ihr Hund noch entspannt mit der Situation umgehen kann. Üben Sie das auch wieder auf Ihren üblichen Trainingsplätzen. Vielleicht finden Sie ja noch mehr freundliche Helfer und Hundehalter mit souveränen Hunden, die Ihnen bei Ihrem Problem behilflich sind. Setzen Sie sich ein Ziel hierbei: Ihr Hund soll beispielsweise mit zehn Menschen parallel in einem Abstand von fünf Metern entspannt laufen können. So haben Sie etwas, worauf Sie hinarbeiten können. Gönnen Sie sich und Ihrem Hund bei Erreichen dieses Ziels ein Gläschen Schampus und einen tollen Knochen – Letzteres natürlich für Ihren tollen Hund. Allerdings laufen Menschen im realen Leben nicht immer parallel zueinander. Deshalb sollten Sie Folgendes dazu trainieren: Wie immer beginnen Sie auf der Lieblingswiese Ihres Hundes, mit einem Helfer. Dieser steht im Abstand, der zu Beginn des Trainings notwendig war, Ihnen gegenüber. Nun bewegen Sie sich also in dem Abstand aufeinander zu. Beachten Sie, dass die Leine so kurz ist, dass Ihr Hund den Menschen nicht erreichen kann. Gehen Sie gelassen und ruhig weiter, während Ihr Helfer Ihnen entgegenkommt. Bestärken Sie jeden Blickkontakt Ihres Hundes zu Ihnen (Clicker). Sie dürfen nicht geizig sein mit Lecker-

chen! Essen macht glücklich und lenkt ab. Arbeiten Sie ohne Clicker, ist es sinnvoll, mit Ihrem Hund ein kurzes Leckerchen-Suchspiel zu machen, während Ihr Helfer an Ihnen vorübergeht.

Ihr Hund nimmt den Menschen/Hund noch wahr, ist aber zu beschäftigt, um sich um ihn zu „kümmern". Beginnen Sie auch hier wieder, die Orte zu wechseln und den Abstand zu verringern. Steigern Sie erst immer wieder die Anforderungen, wenn Ihr Hund wirklich cool ist, wenn Sie mit Ihrem Helfer trainieren. Zu schnelles Steigern der Anforderungen ist kontraproduktiv und beschwört nur Frust

bei Ihnen herauf, was sich auch wieder auf den Hund überträgt. Es kann also einige Wochen und Monate dauern, bis das Ergebnis so ist, wie Sie sich das Ziel gesteckt haben.

Menschen laufen nicht immer wie Schnecken durch die Gegend, deshalb müssen Sie auch anfangen, das Tempo zu steigern – zumindest Ihr Helfer. Der Helfer beginnt mit einem leichten Trab, Joggen, schnellem Laufen, Laufen mit lautem Rufen. Belohnen Sie jegliches ruhige Verhalten! Sie können auch bei Begegnungen mit einer Futtertube arbeiten. In eine Futtertube passen so leckere

Mit der Futtertube können Sie den Hund konstant ablenken. Ihr Hund nimmt den anderen wahr, verknüpft die positive Erfahrung des Fressens aber mit dem fremden Hund.

Hunde lutschen gerne an einer gut gefüllten Leckerchen-Tube.

Dinge wie Leberwurst, püriertes Fleisch und Ähnliches. Die Tube ist wieder befüllbar und auswaschbar. Wie funktioniert die Arbeit damit? Der Jogger kommt Ihnen entgegen und währenddessen nuckelt Ihr Hund an der Futtertube.

Reagiert Ihr Hund nicht mehr auf einen Jogger, können Sie wieder anfangen, die Personenzahl langsam zu steigern. Bleibt Ihr Hund cool, beginnen die Jogger aus verschiedenen Richtungen zu kommen. Beachten Sie immer wieder, dass Sie Ihren Hund für jegliche „Rückfrage" und jedes ruhige Verhalten belohnen, dass Sie immer rechtzeitig aufhören zu trainieren! Das ist das A und O an dieser Trainingsweise!

Direktes Entgegenkommen

Irgendwann müssen wir auch das in Angriff nehmen. Wenn Sie bis hierhin gekommen sind, mit allen Trainingsschritten und Ablenkungen – Gratulation! Überprüfen Sie sich bitte immer wieder, wenn etwas nicht so gelaufen ist, wie Sie es geplant hatten. Bitten Sie wieder einen Helfer, Ihnen langsam direkt entgegenzukommen. Beginnen Sie dort, wo Ihr Hund nicht reagiert. Sieht Ihr Hund den Helfer und schaut Sie danach an: Klick und Belohnung und deutliche Freude mit zugeworfenem Leckerchen für den Hund. Gehen Sie langsam in einem Bogen auf die entgegenkommende

Person zu, sprechen Sie Ihren Hund vorher kurz an und nehmen ihn an die von der fremden Person abgewandte Seite. Haben Sie einen eher ängstlichen Hund, wird er wahrscheinlich von sich aus die Distanz zum entgegenkommenden Menschen suchen. Diese sollten Sie ihm auch geben. So hat Ihr Hund die Chance, durch eigene Erfahrung zu lernen – dass er durch sein Verhalten etwas bewirkt. Machen Sie bitte am Anfang immer sehr große Bögen und verringern diese wieder im Laufe des Trainings. Denken Sie daran: Jedes gute Verhalten – Ruhigsein, Sie-Anschauen – müssen Sie

belohnen. Auch hier können Sie sehr gut die Futtertube einsetzen. Damit können Sie Ihren Hund an dem Auslöser gut vorbeiführen. Reagiert Ihr Hund, war der Abstand zu gering. Ohne die viele Belohnung erreichen Sie Ihr Ziel nur mühsam oder gar nicht. Sollte Ihr Hund zu Übergewicht neigen, dann gibt's abends einmal eine Portion weniger oder Sie nehmen Leckerchen, die nicht sehr fetthaltig sind, wie beispielsweise gekochte Putenbrust, gekochte Lunge oder Apfel. Welche Leckerchen Ihr Hund mag, haben Sie ja schon getestet.

So sieht die Übung mit dem Bogenlaufen aus. Zum Schluss ist der Bogen nur noch minimal.

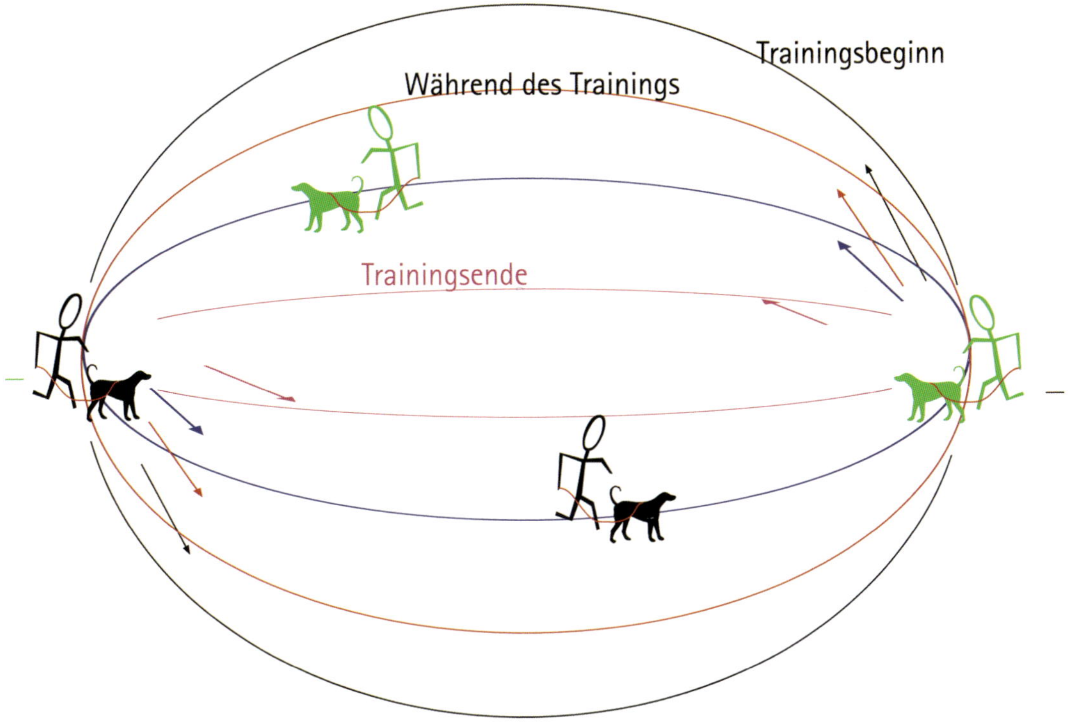

Wichtige Hinweise

Das Training mit aggressiven Hunden bedarf immer besonderer Vorsicht. Deshalb sind gute Vorbereitung und durchdachtes Training sehr wichtig. Die von mir oben aufgezeigte Möglichkeit des Trainings – Desensibilisierung und Gegenkonditionierung – macht aus wilden Tieren keine Kuschelhunde, die nach erfolgreichem Training plötzlich alle anderen Hunde lieben. Hier geht es vornehmlich darum, dem Hund andere Verhaltensweisen beizubringen, diese zu festigen und zu automatisieren: Fremder Hund = wird ruhig akzeptiert. Nicht jeder Hund muss unbedingt mit anderen Hunden spielen. Ein Hund, der aggressiv auf Artgenossen oder Menschen reagiert, kann aber eben auf oben beschriebene Weise neue Verhaltensweisen erlernen: fremde Hunde ignorieren, Verbesserung der Ansprechbarkeit und des Gehorsams in brenzligen Situationen, unangenehme Eindrücke besser verarbeiten, „Rückfrage" zum Menschen.

⊙ Gehen Sie immer nur in ganz kleinen Schritten vor.
⊙ Beenden Sie die Übungen immer dann, wenn Ihr Hund noch ruhig ist.
⊙ Benutzen Sie immer sehr gute Leckerchen.
⊙ Bleiben Sie immer ruhig.
⊙ Machen Sie kein Training, wenn Sie genervt oder gestresst sind. Das überträgt sich auf Ihren Hund.
⊙ Hunde sind auch nicht jeden Tag gleich gut gelaunt. Beenden Sie das Training mit Ihrem Hund rechtzeitig, bevor er reagiert.
⊙ Schreiben Sie ein Trainingstagebuch. So können Sie Fortschritte auch erkennen.

Begleitendes Training

Sie sollten das Training mit Ihrem Hund nicht nur auf das Schleppleinentraining reduzieren. Ihr Hund ist mit Ihnen sehr viel zusammen, und auch da können Sie zu Hause einiges tun. Ich möchte Ihnen hier nur zwei kleine Übungen vorstellen, die dazu beitragen, eine bessere Kommunikation zwischen Ihnen und Ihrem Hund herzustellen.

Das Namenspiel

Mit der ersten Übung soll Ihr Hund wieder lernen, auf seinen Namen zu reagieren. Sie müssen lernen, Ihren Hund nicht in jeder beliebigen und meist konsequenzlosen Situation anzureden. Weniger ist mehr! Warum reagieren Hunde so selten auf ihren Namen?

Sagen Sie den Namen Ihres Hundes. Er soll Sie daraufhin anschauen.

Sobald Ihr Hund Sie anschaut, bekommt er ein Lob und Leckerchen oder Klick und Belohnung.

Sicherlich nicht, weil sie nicht gelernt haben, dass sie gemeint sind. Sie reagieren einfach nicht, weil Sie als Halter Ihrem Hund beigebracht haben, dass der Hundename gar keine Konsequenz nach sich zieht oder vielleicht nur Ärger. Das müssen Sie ändern. Für Ihren Hund muss sein Name etwas „Durchschlagendes" werden.

Beginnen Sie in der Küche oder einem anderen ablenkungsarmen Ort. Ihr Hund sollte sich nicht sehr weit von Ihnen entfernen können. Andernfalls können Sie Ihren Hund auch an eine Zwei-Meter-Leine nehmen. Sie haben ein Schälchen Leckerchen vorbereitet.

Schaut Ihr Hund Sie an, sagen Sie seinen Namen und er bekommt sofort ein Leckerchen. Das wiederholen Sie zehn bis fünfzehn Mal. Wenn Sie merken, dass Ihr Hund unaufmerksam wird, sollten Sie die Übung mit einem letzten: Name – Leckerchen, beenden.

Diese Übung machen Sie in den nächsten Wochen, in denen Sie auch das Schleppleinentraining machen, zwei bis drei Mal täglich. Dabei sind fünf Minuten völlig ausreichend.

Bitte beachten Sie, dass ab sofort das ständige Ansprechen des Hundes ohne Konsequenz (Herkommen, Sitzen, Bleiben) für Sie verboten ist. Disziplinieren Sie sich, und das sollten Sie auch in Ihrer Familie durchsetzen. Besonders in Familien mit kleineren Kindern lernen Hunde sehr schnell, ihren Namen zu überhören. Da sind Sie als Halter und Familienoberhaupt gefragt, dass alle Zweibeiner nicht zu viel mit dem Vierbeiner reden.

Wir beginnen auch hier in kleinen Schritten: Wenden Sie sich kurz ab und belohnen Sie Ihren Hund sofort mit einem Leckerchen, wenn Sie sich ihm wieder zuwenden.

Impulskontrolle – Warten lernen

Es ist erforderlich, dass Ihr Hund lernt, dort, wo er ist, sitzen oder liegen zu bleiben. Schon allein wenn es zur Tür geht, ist es praktischer, wenn der Hund sitzen bleibt, statt hinterherzulaufen. Impulskontrolle, also etwas abwarten können, müssen Hunde lernen. Auch das ist – wenn Ihr Hund das gelernt hat – eine sehr angenehme Sache, die später Ihre Freunde und Ihre Familie in Erstaunen versetzen wird.

1. Sagen Sie Ihrem Hund Sitz. Bitte sagen Sie nicht Bleib dazu. Das Signal, das Sie ihm geben, hat so lange Gültigkeit, bis Sie etwas anderes sagen oder die Übung auflösen.

2. Drehen Sie sich leicht zur Seite und dann gleich wieder zu ihm hin, bestätigen Sie ihn sofort mit einem Leckerchen. Steht Ihr Hund auf, wenn Sie sich wegdrehen, warten Sie einen Augenblick. Zählen Sie langsam bis zehn und lassen Ihren Hund wieder sitzen.

3. Wiederholen Sie Schritt 2 (Wegdrehen – Hindrehen – Leckerchen) so oft, bis Ihr Hund sitzen bleibt, als wäre er auf dem Boden festgenagelt.

4. Steigern Sie die Anforderung: Gehen Sie nun einen Schritt rückwärts von ihm weg und gleich wieder hin – sofort verstärken mit Leckerchen,

So kann es nach erfolgreichem Training aussehen: Der Mensch kann machen, was er will, der Hund bleibt sitzen.

Gehen Sie immer weiter von Ihrem Hund weg. Wenn Sie wieder hingehen, bekommt Ihr Hund sofort für das Warten ein Leckerchen.

wenn Sie wieder bei Ihrem Hund sind. Achten Sie darauf, dass Sie das Leckerchen immer in der Sitz-Position geben. Das wiederholen Sie etwa zehn bis zwölf Mal.

5. Machen Sie die gleiche Übung wie in Schritt 4, entfernen Sie sich nun zwei Schritte vom Hund.

6. Üben Sie so weiter (drei Schritte entfernt vom Hund, vier Schritte und so weiter), bis Sie sich im gesamten Raum bewegen können. Versuchen Sie auch andere Bewegungen, als nur vom Hund weg-

zugehen: Hüpfen Sie, machen Sie Hampelmann, stehen Sie auf einem Bein – Ihrer Fantasie sind da keine Grenzen gesetzt. Dabei soll Ihr Hund wie hypnotisiert auf seinem Platz sitzen bleiben.

Übung an der Tür

Sicherlich haben Sie die eine oder andere Tür in Ihrem Haus oder Ihrer Wohnung. Hier können Sie das Sitzen, das Sie oben trainiert haben, aus-bauen. Es gibt einfach Situationen, in denen Sie

Stellen Sie sich mit Ihrem Hund vor die Tür, lassen Ihren Hund sitzen und fassen die Türklinke an. Wenn Ihr Hund sitzen bleibt, geben Sie ihm sofort ein Leckerchen. Bleibt Ihr Hund noch nicht sitzen, wiederholen Sie Schritt 1.

Jetzt öffnen Sie die Tür ein kleines Stück. Bleibt Ihr Hund sitzen – sofort Leckerchen (Klick und Belohnung) für den Hund. Sollte er aufstehen, lassen Sie ihn wieder sitzen, die Tür bleibt verschlossen.

Ihr Hund soll auch sitzen bleiben, während die Tür weit geöffnet ist und Sie sich bewegen.

zuerst durch die Tür müssen: Der Postbote kommt, Sie möchten mit Ihrem Hund in ein Restaurant, Sie möchten stressfrei aus Ihrer Haustür gehen können. Damit sind Sie in der Lage, vorher die Gegend zu kontrollieren. Es ist nicht schön, wenn Ihr Hund als Erster im Restaurant steht und bereits laut bellend den Tisch aussucht. Diese Übung fließt ganz einfach in den Tagesablauf mit ein.

Wenn Ihr Hund sitzen bleibt, können Sie anfangen, die Tür immer weiter zu öffnen. Ihr Hund sollte an der geöffneten Tür sitzen bleiben, ohne mit der Wimper zu zucken. Natürlich wollen Sie auch irgendwann durch diese Tür durch. Sie können gemeinsam mit dem Hund durch die Tür gehen, wenn Sie vorher die Situation mithilfe eines „Komm mit" auflösen und dann losgehen. Sie können aber auch Ihren Hund an der Tür warten lassen, bis Sie auf der anderen Seite die Entscheidung getroffen haben, dass Ihr Hund a) dort warten muss, und die Tür geht wieder zu, oder b) Sie die Situation unter Kontrolle haben und Ihren Hund nun ins andere Zimmer, in die Garage oder an einen anderen Ort rufen.

Warten, bis der Hund gerufen wird

Ihr Hund kann jetzt zuverlässig vor der Tür warten. Nun wollen Sie ihm beibringen, auch zu warten, wenn Sie schon im anderen Zimmer sind.

Jetzt haben Sie Ihrem Hund beigebracht, so lange zu warten, bis Sie ihn rufen. Das müssen Sie natürlich weiter ausbauen: vor der Haustür, vor der Gartentür, vor der Restauranttür.

Sie stehen vor der offenen Tür, Ihr Hund sitzt.

1. Sie stehen vor der offenen Tür, Ihr Hund sitzt.

2. Sie machen einen kleinen Schritt vorwärts, Sie sagen nichts zu Ihrem Hund. Gehen Sie sofort zurück und bestätigen mit einem Leckerchen. Ist Ihr Hund aufgestanden, lassen Sie ihn wieder sitzen.

3. Wiederholen Sie Schritt 2 etwa zehnmal.

4. Steigern Sie die Anforderung und gehen nun zwei Schritte durch die Tür ins andere Zimmer. Gehen Sie sofort zurück und bestätigen Ihren Hund. Achten Sie darauf, dass Sie immer in der Sitz-Position bestätigen.

5. Wiederholen Sie Schritt 4 so lange, bis Ihr Hund vor der offenen Tür wie festgenagelt sitzen bleibt.

6. Gehen Sie in das andere Zimmer, zählen bis 3 und gehen dann zurück zum Hund und bestätigen ihn. Steht Ihr Hund auf und folgt Ihnen, bringen Sie ihn wieder an seinen Platz vor der Tür.

7. Wiederholen Sie Schritt 6 so lange, bis es sicher klappt.

8. Steigern Sie die Anforderung – verlängern Sie die Wartezeiten vor der offenen Tür und machen es so wie in Schritt 6.

9. Wenn Ihr Hund zuverlässig vor der geöffneten Tür sitzt, während Sie ins andere Zimmer gehen, rufen Sie Ihren Hund.

Die Variante mit dem Warten vor der Tür sollten Sie auch auf Autotüren/Kofferraumtüren adaptieren. Ihr Hund darf das Auto/die Box nur verlassen, wenn Sie es ihm sagen, egal wie weit die Tür aufsteht. Trainieren Sie das wie beschrieben mit der normalen Tür.

So sollte es nach erfolgreichem Training aussehen: ein Hund, der zuverlässig sitzen bleibt.

Der Beginn des Abbaus der Schleppleine ist das Loslassen.

Wie werde ich die Schleppleine wieder los?

Es gibt Naturtalenthunde, bei denen man bedenkenlos die lange Leine abmacht und der Hund führt trotzdem noch alle Signale sicher und zuverlässig aus. Dann gibt es die Kategorie Hunde, die sehr genau wissen, dass sie nicht mehr mithilfe der Leine vom Menschen kontrolliert werden. Dann muss man mit einem Trick die Leine langsam ausschleichen.

Ihr Hund hat sich über die Wochen und Monate an ein gewisses Gewicht, das er mitschleppen muss, gewöhnt. Sie sollten die Schleppleine dann beginnen abzubauen, wenn Sie sich sicher sind und Sie Ihren Trainingsplan gut durchgearbeitet haben. Hundert Prozent ist nichts – oder sind Sie hundertprozentig in den Dingen, die Sie tun? Haben Sie nicht auch schon mal im Halteverbot geparkt? Sehen Sie – es ist wichtig, dass Sie sich sicher sind, denn jede Unsicherheit überträgt sich auf Ihren Hund. Wenn Sie davon überzeugt sind, dass das, was Sie über Wochen und Monate erarbeitet haben, auch klappt, dann können Sie dieses Kapitel nun in Angriff nehmen.

Abbau der Schleppleine

Beginnen Sie damit, die Leine auf dem Boden schleppen zu lassen. Machen Sie die Langsam-/Stopp-Übung, das Rückrufen, Namenspiel nun so. Bei der Langsam-/Stopp-Übung haben Sie die Möglichkeit, auf die Leine zu treten, wenn Ihr Hund das Signal überhören sollte. Klappen die Übungen mit der schleppenden Leine genauso gut wie immer und sind Sie sich sicher, beginnen Sie mit dem nächsten Schritt.

Tauschen Sie die Leine gegen eine Zehn-Meter-Wäscheleine. Machen Sie nun alle Übungen (Orientierungstraining, Namenspiel, Rückruf, Stopp/Langsam) für etwa zwei Wochen mit der leichten Leine. Die Leine halten Sie erst einmal noch in der Hand. Nach diesen zwei Wochen fangen Sie an, die Leine auf dem Boden schleppen zu lassen. Machen Sie sich wieder etwa 1,5 Meter vor dem Ende einen Knoten in die Leine. Immer, wenn der Knoten auf Ihrer Höhe ist, sagen Sie Ihrem Hund „Langsam", falls er einmal seinen Radius erweitern sollte. Hält Ihr Hund an oder wird langsamer: „Prima!" Loben

Sie ihn und schicken ihn wieder weiter. Bis hierhin sollte Ihr Hund allerdings wissen, wie groß seine Entfernung zu Ihnen sein darf – natürlich darf er sich nach erfolgreich absolviertem Schleppleinentraining auch weiter wegbewegen.

Lassen Sie für etwa zwei Wochen die Leine so schleppen und üben auch immer wieder zwischendurch den Rückruf. Diesen bitte nicht häufiger als drei- bis viermal bei einem Spaziergang von einer Stunde Länge. Ihr Hund soll sich auch entspannt lösen dürfen und die Welt erkunden.

Nach diesen zwei Wochen kürzen Sie die Leine um einen halben Meter. Das Gewicht verringert sich somit. Jetzt fängt die Phase des Vertrauens an: Da die Länge der Leine nun nicht mehr 10 Meter, sondern nur noch 9,50 Meter beträgt, müssen Sie die 50 Zentimeter Luft lassen, bevor Sie Ihrem Hund „Langsam" oder „Stopp" sagen. Wenn Ihr Hund seinen Radius verinnerlicht hat, benötigen Sie kein „Langsam". Nun beginnen Sie etwa alle sieben Tage die Leine um einen halben Meter zu kürzen. Vergessen Sie nicht, weiterhin Ihre Übungen zu machen und auch die Ablenkungsstufen zu steigern. Wenn Ihr Hund einmal bei geringer Ablenkungsstufe auf Ruf nicht kommt, dann sind Sie noch nicht so weit, Ihren Hund von der Leine zu entwöhnen. Gehen Sie noch mal einen Schritt zurück und trainieren den Rückruf gezielter.

Bald haben Sie es geschafft, die Leine so weit zu verkürzen, dass nur noch der Karabiner am Geschirr befestigt wird. Beachten Sie, dass Sie jegliches freiwillige Zurückschauen, Herankommen, Warten Ihres Hundes würdigen sollten (Leckerchen, Lob, Spiel, Weiterschicken): Sie zeigen Interesse an den Dingen, die Ihrem Hund wichtig sind – Ihr Hund hat gelernt, dass Ihnen einige andere Dinge wichtig sind. Kommt nach dem Schleppleinentraining

kein Feedback mehr von Ihnen, dann war die harte Arbeit umsonst. Denken Sie daran: Hunde arbeiten erfolgsorientiert! Kein Feedback mehr von Ihnen heißt auch, dass Ihr Hund wieder völlig in seine Hundewelt abtauchen kann.

**Zusammenfassung –
Trainingsplan Schleppleinenabbau:**
- Normale Leine schleppen lassen.
- Tauschen Sie die Schleppleine gegen eine Wäscheleine.
- 14 Tage mit der Wäscheleine in der Hand weitertrainieren.
- 14 Tage mit der Wäscheleine auf dem Boden schleppend trainieren.
- Danach Wäscheleine um 50 Zentimeter kürzen und weitere 7 Tage weitertrainieren.
- Kürzen Sie alle 7 Tage die Leine um 50 Zentimeter – weitertrainieren nicht vergessen!
- Den Karabiner noch mal 14 Tage dranlassen.

Herzlichen Glückwunsch! Sie haben es geschafft!

Vergessen Sie nicht: Fallen Sie nicht in alte Verhaltensmuster zurück. Seien Sie konsequent und achten Sie auf Ihren Hund. Geben Sie Ihrem vierbeinigen Begleiter ein Feedback für das, was er richtig macht!

So viel Spaß sollte es Ihrem Hund machen, wenn Sie ihn rufen!

Es gibt verschiedene Varianten des Clickers.

Clickertraining

Ich habe im Buch mehrfach auf den Clicker = Markersignal verwiesen. Warum? Ein Markersignal ist in vielen Situationen die schnellste Möglichkeit, dem Hund punktgenau zu „verklickern", was er gerade richtig gemacht hat. Der Clicker/Marker ist genauso ein Hilfsmittel wie eine Leine, der Ball oder ein Leckerchen. Mit dem Clicker instrumentalisieren Sie den Hund nicht – eher im Gegenteil. Sie haben eine gemeinsame Basis, auf der Sie mit Spaß zusammen mit Ihrem Hund starten können. Nur ein gut gelauntes Gehirn lernt gut – Stress und Druck blockieren wichtige Speichervorgänge im Gehirn.

Basics

Lesen Sie sich bitte zur Auffrischung kurz noch einmal das Kapitel „Wie lernt der Hund?" durch. Clickertraining basiert auf diesen beiden verhaltensbiologischen Erkenntnissen – klassische und operante Konditionierung.

Der Clicker fungiert als Markierung für richtiges Verhalten. Mehr nicht. Er ist sozusagen der Textmarker für Aktionen beim Hund. Am Anfang muss Ihr Hund lernen, dass dieses „Klickklack"-Geräusch eine Bedeutung hat (klassische Konditionierung). Das geht ganz einfach und sehr schnell. Ich habe die Erfahrung gemacht, dass selbst Welpen innerhalb von zehn Minuten herausgefunden hatten, was es mit dem komischen Geräusch auf sich hat.

Nehmen Sie bitte besonders schmackhafte, feuchte Leckerchen. Bitte kein übliches Trockenfutter oder trockene Leckerchen. Am besten eignen sich kleine Würstchenwürfel. Wenn Sie etwas ohne Zusätze nehmen möchten, empfiehlt sich Käse oder gekochte und gewürfelte Putenbrust. Die Bröckchen sollten in einem „Haps" vom Hund verschlungen werden können. Bitte nichts, auf dem der Hund sekundenlang herumkaut!

Es gibt verschiedene Möglichkeiten, den Hund auf den Clicker zu konditionieren:

• Variante 1:

Sie befinden sich in einem ruhigen Zimmer mit Ihrem Hund. Nehmen Sie ein paar Leckerlibrocken in eine Hand, den Clicker in die andere. Ist Ihr Hund bei Ihnen und möchte gern das Futter haben, verfahren Sie wie folgt: Klick – Leckerchen – Klick – Leckerchen – Klick – Leckerchen – Klick – Leckerchen – Klick – Leckerchen und so weiter, bis Ihre Hand leer ist. Das wiederholen Sie vier- bis fünfmal.

In einer Hand befindet sich das Futter, in der anderen der Clicker.

• Variante 2:

Sie sind mit Ihrem Hund und einem Helfer in der Küche. Sie legen auf einem etwa 50 mal 50 Zentimeter großen Stück vom Küchenboden 10 bis 15 Leckerchen aus. Ihr Hund schaut dabei zu und wird vom Helfer festgehalten, sodass er nicht an die Leckerchen herankommt.

Wenn Sie das Futter ausgelegt haben, stellen Sie sich daneben und lassen nun Ihren Hund das Futter vom Boden aufnehmen. Bei jedem Bröckchen, das Ihr Hund frisst, müssen Sie klicken. Wenn Sie einen „Staubsauger" haben, der sehr schnell frisst, müssen Sie auch schnell sein im Klicken. Das schult gleichzeitig die Augen-Daumen-Koordination.

• Probleme, die auftauchen können:

Der Hund erschrickt vor dem lauten „Klick". Dann bitte den Clicker in die Hosentasche stecken oder hinter den Rücken halten. Es gibt auch etwas leisere Clicker, die ein angenehmeres Geräusch machen. Sie können auch anfangs bei sehr geräuschempfindlichen Hunden einen Kugelschreiber nehmen.

Von einem ungeübten Clickerhund sollten Sie noch keine Wunder erwarten. Besonders nicht, wenn Ihr Hund es gewohnt war, in die passenden Positionen (Sitz, Platz, Fuß) gelockt oder gedrückt zu werden, oder für „falsch" gemachte Dinge unsanft korrigiert wurde (Leinenruck).

Im Clickertraining gibt es kein Falsch oder Nein. Das Clickertraining schärft neben der Beobachtungsgabe für Ihren Hund auch den Blick für Dinge, die Ihr Hund richtig macht. Anstatt Ihren Vierbeiner ständig mit „Nein – Aus – Pfui – Lass das!" anzureden, sollten Sie umschwenken auf „Prima – Toll – Gut gemacht!". Mit dem Clickertraining weisen Sie Ihrem Hund die richtige Richtung – wie beim Heiß-kalt-Spiel. Jeder Schritt in die richtige Richtung wird „markiert". Klick bedeutet auch immer Futter/Belohnung! Es gibt kein Klick ohne Belohnung. Warum? Folgt nach dem Klick keine Konsequenz, wird der Klick nach und nach wieder uninteressant und verliert seine Bedeutung. Deshalb sollten Sie niemals klicken, wenn es nichts zu klicken gibt oder Sie Ihren Hund nicht belohnen können!

Was tun Sie, wenn Sie wegen schlechten Timing für etwas „Falsches" (zum Beispiel während des Bellens) geklickt haben? Sie geben Ihrem Hund das Leckerchen. Wenn Sie nur ein-, zweimal danebenliegen mit dem Klick – das bringt den Hund nicht um und festigt auch kein Fehlverhalten. Die restlichen Klicks sind ja immer korrekt. Sie sollten allerdings an Ihrem Timing noch einmal arbeiten, wenn Ihnen das öfter passiert.

Denken Sie daran, dass es Ihre „Schuld" ist, wenn Sie Ihrem Hund durch falsches Timing etwas „Falsches" beibringen.

Wichtig ist auch, dass im Gegensatz zum klassischen Hundetraining zuerst das Verhalten (beispielsweise Fußlaufen) so aufgebaut wird, dass es korrekt ist. Danach erst führt man das dazugehörige Signalwort ein. Das hat einen einfachen, aber doch sehr logischen Hintergrund: Wenn Sie zuerst das gewünschte Verhalten so trainieren, dass es Ihren Vorstellungen entspricht, lernt Ihr Hund gleich die richtige Vokabel für sein richtiges Tun. Es ist kein Herantasten an das gewünschte Verhalten mit ein und demselben Wort. Kann Ihr Hund noch nicht „Fuß", dann nützt es nichts, ihm dieses Wort zu sagen. Im Gegenteil – er verknüpft womöglich ganz andere Dinge mit diesem Wort, und damit haben Sie sich mehr Arbeit gemacht als

nötig. Sie müssen ihm jetzt mühsam erklären, was „Fuß" wirklich bedeutet.

Zusammenfassung Clickertraining:

- Klick markiert nur richtiges Verhalten.
- Klick bedeutet immer Futter/Belohnung.
- Es gibt kein Falsch/Nein beim Clickertraining.
- Clickertraining heißt selbstständiges Lernen beim Hund.
- Das Signalwort wird erst ganz zum Schluss für das neue Verhalten hinzugefügt.

Verschiedene Übungen

Wenn Sie Ihren Hund auf den Clicker konditioniert haben, muss er nun das Lernen lernen. Sie helfen Ihrem Hund nicht herauszufinden, was Sie gern von ihm möchten. Weder durch Anschauen, Locken oder Schnalzen.

„Futterautomat"

Diese erste Übung ist aus Menschensicht recht einfach.

Halten Sie in der geschlossenen rechten Hand ein paar Futterbrocken und präsentieren Sie die Faust (Handrücken nach vorn) Ihrem Hund. Gleich daneben halten Sie genauso die linke Hand, in der der Clicker steckt.

Nun wird Ihr Hund erst einmal versuchen, irgendwie an das Futter in der geschlossenen Hand zu kommen. Warten Sie geduldig, bis Ihr Hund das erste Mal eher versehentlich mit der Nase an Ihre linke Hand stupst: Klicken Sie und belohnen aus der rechten Hand.

Achten Sie darauf, sofort zu klicken, wenn Ihr Hund die linke Hand berührt. Da kommt es natürlich auf Ihr Timing an. Hat Ihr Hund begriffen, dass nur das Anstupsen der linken Hand das Futter in der anderen freigibt, ist das der erste Schritt in Richtung selbstständigen Lernens.

Anschauen auf Signal

Es ist wichtig, mit seinem Hund Augenkontakt zu üben. Hält Ihr Hund bewussten Kontakt zu Ihnen, können Sie ihn aus so manchen, vielleicht brenzligen Situationen herausnehmen. Da, wo der Hund hinschaut, da ist seine Aufmerksamkeit. Neben dem „Namenspiel" eine gute Alternative, dem Hund das Anschauen auf Signal beizubringen.

Sie bereiten ein Schälchen mit Leckerchen vor, setzen sich mit Ihrem Hund in die ruhige Küche und warten, bis Ihr Hund Sie direkt anschaut – Klick und Belohnung.

Werfen Sie das Leckerchen hinter den Hund, sodass er sich von Ihnen entfernen muss. Kommt er gleich wieder in Ihre Richtung und schaut Sie an: Klick und Belohnung.

Beachten Sie bitte, dass die Position, aus der Ihr Hund Sie anschaut, unwichtig ist. Es kann im Sitzen, Liegen, Stehen sein – Hauptsache, Ihr Hund schaut Sie an. Wenn Ihr Hund das Anschauen mindestens fünfmal bewusst hintereinander zeigt, können Sie anfangen, Ihre Position zu verändern. Stehen Sie auf, laufen Sie in der Küche umher oder bleiben Sie stehen. Jeder bewusste Augenkontakt Ihres Hundes wird sofort mit Klick und Belohnung verstärkt.

Klappt das einwandfrei, können Sie beginnen, das passende Signal für das Anschauen einzuführen.

Aufmerksamkeit und Augenkontakt zum Menschen ist in „brenzligen" Situationen sehr wichtig.

Suchen Sie sich ein Wort wie zum Beispiel „Schau" aus. Jetzt bringen Sie Ihrem Hund bei, das gewünschte Verhalten (das Anschauen) nur noch nach dem gegebenen Signal zu zeigen. Bisher hat Ihr Hund es ja ohne Aufforderung freiwillig getan.

Signalwort „Schau" einführen

1. Sagen Sie Ihr neues Signalwort „Schau".

2. Schaut Ihr Hund Sie an = Klick und Belohnung.

3. Ignorieren Sie ab sofort jedes unaufgeforderte Anschauen.

Sie verstärken nur noch das Anschauen mit Klick und Belohnung nach Ihrem Signalwort. Nach diesem Prinzip können Sie jegliche neue Übung aufbauen:

◆ Verhalten formen, bis es den Vorstellungen entspricht.

◆ Verhalten festigen.

◆ Signalwort für das neue Verhalten einführen.

Zum guten Schluss –

Danke!

Zuerst einmal möchte ich mich bei meiner Familie bedanken. Bei meinem Mann Jens, der mich seit Jahren in meiner Arbeit unterstützt und gemeinsam mit mir arbeitet. Für wertvolle Diskussionen über Hunde und ihr unerschöpfliches Verhalten. Er lässt mich in meinem Kämmerlein sitzen, schreiben, lesen und recherchieren.

Bei meinen Eltern, weil ich jegliches Getier wie Vögel, Rennmäuse und Chinchillas in unserer kleinen Etagenwohnung halten durfte. Vielen Dank für meine Kinderzeit, in der ich meine Ferien und Wochenenden in einem Ferienhaus mitten in der Sauerländer Pampa zwischen Kühen, Kälbchen und Katzen verbringen durfte. Unseren unerzogenen, jagenden, zähnefletschenden Langhaardackel namens James, der in mir die Leidenschaft für Hunde weckte, darf ich natürlich nicht vergessen.

Meiner Co-Trainerin Daniela Oberlader danke ich für die Durchsicht meiner Manuskripte und die eine oder andere sinnvolle Anregung.

Und bei unserer Auszubildenden Rebekka Atz bedanke ich mich, weil sie mit ihrer genauen Art dem Buch noch mehr Struktur gegeben hat.

Danke auch allen Usern unseres Hunde-Online-Forums „Dogginator", die durch Fragen und Anregungen viel zu diesem Buch beigetragen haben, und den Kunden unserer Hundeschule, die mir mit ihren wundervollen Hunden immer wieder neue Wege des Trainings abverlangen. Das ist gut für die tägliche Kopfarbeit.

Ich danke den Hunden des Tierheims in Landsberg. Sie haben mir gezeigt, dass mit ein wenig Arbeit, Zuneigung, Geduld und ganz viel gutem Futter auch Problemfälle gar nicht mehr so problematisch sein müssen.

Zum guten Schluss noch einen ganz dicken Knuddler an unsere – jetzt leider nur noch zwei – eigenen Hunde: Usha, Louis – unvergessen Hudson und Dino.

Die Hunde zeigen uns jeden Tag aufs Neue, wie schön es ist, mit ihnen zusammenzuleben, Couch, Sessel, Bett und so manche Semmel zu teilen. Ein Leben ohne sie wäre nicht mehr denkbar.

Foto: Gutmann

Nützliche und interessante
Adressen

Schleppleinen in handgefertigter Qualität in verschiedenen Durchmessern und Farben, Geschirre, Leckerlibeutel, Clicker, Pfeifen, Futtertuben, weiteres sinnvolles Hundezubehör:

- **Shop der Hundeschule modern dogs**
  www.shop.modern-dogs.de
  Gablonzer Ring 29
  87600 Kaufbeuren
  Tel.: 08341 9559810

- **Hunde-Forum**
  www.dogginator.de

- **Association of Pet Dog Trainers:**
  Internationale Vereinigung von Hundetrainern, die sich auf positives Training spezialisiert haben.
  www.apdt.com

- **Pet Dog Trainers of Europe:**
  Europäische Vereinigung von Hundetrainern, die sich auf positives Training spezialisiert haben.
  www.pet-dog-trainers-europe.com

Register

· Abbau .... 83 ff.

· Ablenkung .... 15, 26, 27, 31, 41 ff., 48, 50, 56, 62, 65, 66, 70, 76, 84

· Ablenkungsstufen 15, 42, 62, 84

· Abstand .... 48, 59, 64, 65, 66 ff.

· Aggression .... 16, 59 ff.

· Anschauen 41, 51, 61, 65, 71, 74, 89, 90

· Aufbautraining .... 56 ff.

· Aufmerksamkeit 9, 17, 40, 41, 42, 43, 52, 59, 89, 90

· Aufrollleine 36, 37

· Auslöser 12, 64, 65, 66, 71

· Ballspiel 64

· Bellen 12, 61, 65, 80, 88

· Belohnung .. 14, 15, 18, 20 ff., 31, 41, 50, 52, 53, 65, 70, 71, 75, 78, 88, 89, 90

· Blickkontakt 49, 52, 68

· Bogenlaufen 71

· Clickertraining 10, 14, 21, 67, 86, 87, 89

· Desensibilisierung 59, 62, 72

· Distanz 15, 49, 61, 67, 71

· Feedback 14, 61, 85

· Festigung 31

· Freilauf 8, 55, 61

· Fuß 88, 89

· Futter 11, 12, 14, 19, 22, 23, 29, 30, 42, 45, 46, 62, 87, 88, 89, 92

· Futtertube .... 69 ff., 93

· Gefühle 12, 60, 61, 62, 67

· Gegenkonditionierung 59, 72

· Geschirr 33, 34, 41, 44, 84, 93

· Halsband 13, 16, 25, 34, 44

· Halti 34

· Helfer .... 63 ff., 88

· Hörzeichen 10, 24

· Ignorieren 14, 19, 41, 72, 90

· Impulskontrolle 58, 76

· Individualdistanz 15

· Junghund 35, 45, 47

· Kommunikation 14, 64, 73

· Konditionierung 11, 12, 13, 14, 87

· Konsequenz 9, 12, 13, 15, 51, 53, 61, 73, 76, 88

· Körperhaltung 20, 22, 25, 26, 30

· Leckerchen .... 13 ff., 25 ff., 37, 41, 42, 43, 48 ff., 64 ff., 75 ff., 84 ff.

· Lerngesetze 10, 11, 20, 24, 31

· Marker 86, 87

· Orientierungstraining 40, 42, 46, 47, 53, 60, 62, 63, 64

· Panikhaken 36

· Parallellaufen 67

· Platz 15, 64, 65, 78, 88

· Position 10, 15, 19, 29, 30, 31, 51, 54, 55, 78, 81, 88, 89

· Probleme 30, 43, 58, 59, 60, 62, 63, 64, 67, 69, 71, 88

· Reflex 11, 12

· Rückruf .... 9, 47 ff., 58, 84

· Schnelligkeit 14

· Signal............. 12 ff., 24 ff., 30 ff., 47 ff., 60, 62, 77, 83, 84, 86, 88, 89, 90

· Signalwort 88, 89, 90

· Sitz .... 10 ff., 24 ff., 51, 52, 61 ff., 76 ff., 88, 89

· Sozialkontakt 14, 45

· Spaziergänge .... 8, 44 ff.

· Strafe 13, 15, 16, 17, 61

· Straßenverkehr 11

· Timing 17, 88, 89

· Trainingsdauer 42, 43, 62

· Trainingstagebuch 43, 72

· Übungsplatz 67

· Verhaltenskette 65

· Verknüpfung 61

· Verstärker 13, 14, 20, 21

· Warten .... 20, 30, 32, 40 ff., 51 ff., 55, 58, 65, 76 ff., 80, 82, 84, 89

· Welpen .. 15, 17, 31, 35, 42, 45, 46, 47, 55, 87

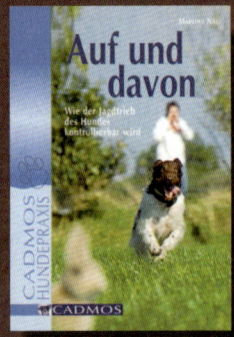